10 · 분 · 의 · 비 · 법

10분 계산법

쉽게 배우는 초등 수학

학습수학 연구회 편

(주)지원 출판

2012년 1월 20일 초판 1쇄 발행
2020년 12월 10일 초판 2쇄 발행

발행처 주식회사 지원 출판
발행인 김진용
기획 디자인여우야

주   소 경기도 파주시 탄현면 검산로 472-3
전   화 031-941-4474
팩   스 0303-0942-4474

등록번호 406-2008-000040호

이 책의 구성과 특징

수학의 기초가 튼튼해지는 10분 계산법

계산은 수학의 기본으로 숫자에 대한 감각을 익히고 기초 계산 능력을 향상시킴으로써 수학 공부의 기초를 튼튼히 할 수 있습니다.

두뇌를 발달시키고 숫자에 대한 감각을 익혀주는 10분 계산법

아이가 계산을 하다보면 숫자에 대한 감각을 익히고 계산의 논리를 깨우치게 됩니다.

논리적이고 합리적인 사고력과 문제 해결력을 길러 주는 10분 계산법

수학을 잘하는 어린이는 머리가 좋아서 잘하는 것이 아니라 수학의 계산법의 기술을 터득하여 잘하는 것입니다.

계산의 논리를 깨우치게 하는 10분 계산법

계산은 아이의 뇌를 자극하여 두뇌를 발달시킵니다. 그러다보면 집중력이 향상되어 공부의 습관이 길러집니다.

성취감을 알게 하는 10분 계산법

집중력이 향상되는 학습습관을 기르다보면 다른 공부까지 잘하게 되는 현상이 이어집니다.

스스로 공부하게 되는 10분 계산법

'10분 계산법'은 초등수학을 01~90단계로 기초-실력-완성편으로 단계별 능력별 학습법으로 구성되어 있습니다. 각 단계마다 8회의 반복 학습으로 충분히 연습할 수 있도록 하여 아이 스스로 공부할 수 있게 하였습니다.

차 례

이 · 렇 · 게 · 지 · 도 · 해 · 주 · 세 · 요

1. 아이의 능력에 맞는 단계에서 시작합니다.

'10분 계산법'은 실력에 따라 단계별로 구성된 교재입니다.

학년이나 나이와 상관없이 아이의 수준에 따라 시작해주십시오. 그래야 아이가 공부에 대해 성취감과 자신감을 갖게 됩니다. 처음부터 어려움을 느낀다면 아이가 흥미를 잃게 됩니다.

2. 규칙적으로 꾸준히 공부하도록 분위기를 만들어 줍니다.

올바른 공부 방법은 규칙적으로 하는 것입니다. 하루도 빠짐없이 매일 10분씩이라도 정해진 분량을 공부하도록 합니다.

3. 계산 원리를 이해시키면 수학이 쉬워집니다.

수학의 기본적인 원리를 이해해야만 논리적인 사고력을 키울 수가 있습니다. 기본적인 원리를 이해시켜야 아이가 흥미를 가지고 집중력을 기를 수가 있습니다.

4. 단원의 마지막 마다 나오는 성취 테스트에서 아이의 성취도를 확인해 주세요.

성취 테스트에서 아이가 완전히 이해한 후 다음 단계로 넘어가 주세요. 능력에 맞는 학습 분량과 학습 시간을 체크해 가면서 학습 목표를 100% 달성하는 것이 중요합니다.

5. 문장 수학 논술 문제에서는 풀이 과정을 정확하게 적도록 해 주세요.

계산 원리를 제대로 이해했는지 알 수 있도록 해 주는 것이 풀이 과정입니다.

6. 아이에게 칭찬과 격려를 해 주세요.

아이는 자신감이 생겨야 집중력을 발휘할 수가 있습니다. 조금 부족하더라도 칭찬과 격려를 해주신다면 아이는 자신감이 생겨서 성적이 쑥쑥 오를 것 입니다.

10 · 분 · 의 · 비 · 법

(주) 지원 출판

분모가 같은 분수의 덧셈(3)

지도 내용 계산 결과가 가분수로 나온 경우, 대분수로 고쳐서 답을 쓰는 방법을 가르쳐줍니다.

진분수와 대분수를 더하여 가분수가 나왔을 때, 값을 대분수로 바꾸어 답을 적습니다.

⊙ 대분수 + 진분수

$$1\frac{2}{3} + \frac{2}{3} = 2\frac{1}{3}$$

$1\frac{2}{3}$ 와 $\frac{2}{3}$ 를 더하면 $1\frac{4}{3}$ 가 됩니다. 여기서 $\frac{3}{3}$ 은 1이므로 자연수끼리 더한 값은 2가 됩니다.

대분수와 진분수의 덧셈에서 그 값의 분수 부분이 가분수로 나온 경우에는 분수 부분을 대분수로 고쳐 자연수 부분과 더하여 답을 씁니다.

분모가 같은 분수의 덧셈 (3)

66단계 종합 성적

참 잘했어요!	잘했어요!	열심히 했어요!

틀린 개수 0~2개	틀린 개수 3~5개	틀린 개수 6개 이상

● 학습 일정 관리표 ●

	정답수	오답수	공부한 날	확 인
66-01호				
66-02호				
66-03호				
66-04호				
66-05호				
66-06호				
66-07호				
66-08호				

- 엄마와 함께 공부하면서 아이가 직접 써 나가도록 지도해 주세요.
- 틀린 개수를 확인하고 왜 틀렸는지 다시 한번 내용을 확인해 주세요.

■ 다음 분수를 덧셈하여 대분수로 고치시오. 답은 약분하지 않아도 됩니다.

❶ $1\dfrac{3}{5} + \dfrac{3}{5} =$

❷ $2\dfrac{4}{7} + \dfrac{4}{7} =$

❸ $1\dfrac{7}{9} + \dfrac{7}{9} =$

❹ $2\dfrac{5}{8} + \dfrac{6}{8} =$

❺ $\dfrac{5}{7} + 1\dfrac{5}{7} =$

❻ $\dfrac{5}{11} + 2\dfrac{6}{11} =$

❼ $\dfrac{10}{12} + 2\dfrac{10}{12} =$

❽ $1\dfrac{7}{8} + 1\dfrac{6}{8} =$

❾ $2\dfrac{4}{9} + \dfrac{5}{9} =$

❿ $1\dfrac{8}{11} + \dfrac{8}{11} =$

⓫ $1\dfrac{4}{6} + \dfrac{4}{6} =$

⓬ $2\dfrac{5}{8} + \dfrac{5}{8} =$

⓭ $3\dfrac{5}{9} + \dfrac{7}{9} =$

⓮ $\dfrac{5}{7} + 2\dfrac{3}{7} =$

재미있게 공부 하는 문장 수학 논술 문제

1. 승현이는 국어를 $2\dfrac{5}{8}$ 시간 공부하고, 수학을 $\dfrac{5}{8}$ 시간 공부하였습니다. 승현이가 공부한 시간은 모두 얼마입니까?

■ 다음 분수를 덧셈하여 대분수로 고치시오. 답은 약분하지 않아도 됩니다.

① $2\dfrac{3}{4} + \dfrac{3}{4} =$

② $2\dfrac{2}{5} + \dfrac{4}{5} =$

③ $3\dfrac{5}{9} + \dfrac{8}{9} =$

④ $\dfrac{3}{8} + 2\dfrac{5}{8} =$

⑤ $\dfrac{4}{7} + 1\dfrac{4}{7} =$

⑥ $\dfrac{8}{10} + 2\dfrac{7}{10} =$

⑦ $1\dfrac{7}{12} + 2\dfrac{7}{12} =$

⑧ $2\dfrac{3}{9} + \dfrac{7}{9} =$

⑨ $3\dfrac{4}{11} + 3\dfrac{9}{11} =$

⑩ $2\dfrac{3}{13} + 2\dfrac{10}{13} =$

⑪ $3\dfrac{5}{8} + \dfrac{5}{8} =$

⑫ $2\dfrac{4}{5} + \dfrac{3}{5} =$

⑬ $4\dfrac{6}{9} + \dfrac{7}{9} =$

⑭ $\dfrac{5}{8} + 3\dfrac{6}{8} =$

식을 세워 보자! _______________________________

정답 : (   )

■ 다음 분수를 덧셈하여 대분수로 고치시오. 답은 약분하지 않아도 됩니다.

① $2\dfrac{4}{6} + \dfrac{5}{6} =$ ② $3\dfrac{3}{5} + \dfrac{4}{5} =$

③ $4\dfrac{4}{8} + \dfrac{5}{8} =$ ④ $\dfrac{4}{9} + 2\dfrac{6}{9} =$

⑤ $\dfrac{5}{7} + 3\dfrac{5}{7} =$ ⑥ $\dfrac{5}{8} + 3\dfrac{7}{8} =$

⑦ $2\dfrac{3}{4} + 2\dfrac{2}{4} =$ ⑧ $1\dfrac{4}{6} + 4\dfrac{5}{6} =$

⑨ $2\dfrac{4}{8} + 4\dfrac{4}{8} =$ ⑩ $1\dfrac{4}{9} + 4\dfrac{6}{9} =$

⑪ $3\dfrac{2}{5} + \dfrac{4}{5} =$ ⑫ $1\dfrac{3}{7} + \dfrac{5}{7} =$

⑬ $\dfrac{4}{9} + 3\dfrac{5}{9} =$ ⑭ $\dfrac{5}{8} + 2\dfrac{5}{8} =$

재미있게 공부 하는 문장 수학 논술 문제

2. 서영이는 케이크를 $3\dfrac{4}{11}$ 조각을 먹고, 세연이는 $3\dfrac{9}{11}$ 조각을 먹었습니다. 서영이와 세연이가 먹은 케이크는 모두 몇 조각일까요?

다음 분수를 덧셈하여 대분수로 고치시오. 답은 약분하지 않아도 됩니다.

분수의 덧셈과 뺄셈

❶ $2\dfrac{5}{8} + \dfrac{6}{8} =$

❷ $3\dfrac{5}{7} + \dfrac{6}{7} =$

❸ $2\dfrac{4}{9} + \dfrac{6}{9} =$

❹ $\dfrac{5}{8} + 4\dfrac{6}{8} =$

❺ $\dfrac{6}{7} + 3\dfrac{6}{7} =$

❻ $\dfrac{5}{9} + 2\dfrac{6}{9} =$

❼ $2\dfrac{3}{5} + 2\dfrac{4}{5} =$

❽ $1\dfrac{3}{7} + 3\dfrac{5}{7} =$

❾ $2\dfrac{3}{4} + 4\dfrac{3}{4} =$

❿ $3\dfrac{4}{5} + 3\dfrac{3}{5} =$

⓫ $3\dfrac{4}{5} + \dfrac{4}{5} =$

⓬ $2\dfrac{4}{6} + \dfrac{3}{6} =$

⓭ $2\dfrac{3}{4} + \dfrac{2}{4} =$

⓮ $\dfrac{5}{6} + 3\dfrac{3}{6} =$

식을 세워 보자!

정답 : (   )

■ 다음 분수를 덧셈하여 대분수로 고치시오. 답은 약분하지 않아도 됩니다.

❶ $2\dfrac{3}{4} + \dfrac{2}{4} =$

❷ $3\dfrac{4}{6} + \dfrac{5}{6} =$

❸ $4\dfrac{6}{9} + \dfrac{5}{9} =$

❹ $\dfrac{4}{6} + 3\dfrac{5}{6} =$

❺ $\dfrac{6}{8} + 2\dfrac{7}{8} =$

❻ $\dfrac{5}{7} + 3\dfrac{6}{7} =$

❼ $3\dfrac{2}{4} + 3\dfrac{3}{4} =$

❽ $2\dfrac{3}{5} + 2\dfrac{4}{5} =$

❾ $3\dfrac{4}{6} + 4\dfrac{4}{6} =$

❿ $4\dfrac{6}{7} + 2\dfrac{5}{7} =$

⓫ $3\dfrac{3}{5} + \dfrac{4}{5} =$

⓬ $2\dfrac{5}{7} + \dfrac{4}{7} =$

⓭ $3\dfrac{5}{8} + \dfrac{6}{8} =$

⓮ $\dfrac{5}{7} + 2\dfrac{4}{7} =$

**재미있게 공부
하는 문장 수학
논술 문제**

3. 어머니께서 어제 밭에서 감자를 $10\dfrac{2}{5}$ kg을 캐셨고, 오늘은 $7\dfrac{4}{5}$ kg을 캐셨습니다. 어머니께서 어제와 오늘 캐신 감자는 모두 몇 kg일까요?

■ 다음 분수를 덧셈하여 대분수로 고치시오. 답은 약분하지 않아도 됩니다.

분수의 덧셈과 뺄셈

① $2\dfrac{3}{5} + \dfrac{4}{5} =$

② $4\dfrac{4}{7} + \dfrac{5}{7} =$

③ $3\dfrac{5}{8} + \dfrac{6}{8} =$

④ $\dfrac{5}{6} + 2\dfrac{5}{6} =$

⑤ $\dfrac{6}{8} + 3\dfrac{6}{8} =$

⑥ $\dfrac{6}{9} + 2\dfrac{6}{9} =$

⑦ $2\dfrac{4}{5} + 2\dfrac{4}{5} =$

⑧ $1\dfrac{4}{6} + 3\dfrac{4}{6} =$

⑨ $3\dfrac{5}{8} + 3\dfrac{5}{8} =$

⑩ $1\dfrac{8}{9} + 3\dfrac{7}{9} =$

⑪ $3\dfrac{3}{4} + \dfrac{3}{4} =$

⑫ $2\dfrac{5}{8} + \dfrac{6}{8} =$

⑬ $\dfrac{5}{9} + 2\dfrac{6}{9} =$

⑭ $\dfrac{5}{8} + 4\dfrac{5}{8} =$

식을 세워 보자! ___________________________________

정답 : (　　　　　　　　　　)

■ 다음 분수를 덧셈하여 대분수로 고치시오. 답은 약분하지 않아도 됩니다.

❶ $3\dfrac{2}{4} + \dfrac{3}{4} =$

❷ $2\dfrac{4}{6} + \dfrac{5}{6} =$

❸ $4\dfrac{4}{7} + \dfrac{5}{7} =$

❹ $4\dfrac{3}{4} + \dfrac{3}{4} =$

❺ $\dfrac{2}{3} + 3\dfrac{2}{3} =$

❻ $\dfrac{4}{5} + 2\dfrac{3}{5} =$

❼ $\dfrac{6}{8} + 3\dfrac{5}{8} =$

❽ $3\dfrac{5}{7} + 1\dfrac{6}{7} =$

❾ $2\dfrac{3}{8} + 2\dfrac{6}{8} =$

❿ $2\dfrac{4}{9} + 4\dfrac{5}{9} =$

⓫ $2\dfrac{2}{4} + \dfrac{2}{4} =$

⓬ $2\dfrac{4}{5} + \dfrac{3}{5} =$

⓭ $3\dfrac{4}{6} + \dfrac{3}{6} =$

⓮ $\dfrac{4}{5} + 1\dfrac{3}{5} =$

**재미있게 공부
하는 문장 수학
논술 문제**

4. 예준이 집에는 방이 3칸 있습니다. 그 중에 $1\dfrac{6}{7}$칸은 예준이가

청소하였고, $\dfrac{4}{7}$칸은 예린이가 청소하였습니다.

예준이와 예린이가 청소한 방은 모두 얼마일까요?

■ 다음 분수를 덧셈하여 대분수로 고치시오. 답은 약분하지 않아도 됩니다.

① $2\dfrac{2}{5} + \dfrac{4}{5} =$

② $4\dfrac{4}{7} + \dfrac{3}{7} =$

③ $4\dfrac{3}{8} + \dfrac{6}{8} =$

④ $\dfrac{5}{7} + 3\dfrac{4}{7} =$

⑤ $\dfrac{6}{8} + 3\dfrac{5}{8} =$

⑥ $\dfrac{4}{5} + 3\dfrac{3}{5} =$

⑦ $\dfrac{6}{9} + 3\dfrac{5}{9} =$

⑧ $2\dfrac{4}{5} + 2\dfrac{3}{5} =$

⑨ $3\dfrac{5}{7} + 1\dfrac{4}{7} =$

⑩ $1\dfrac{5}{9} + 3\dfrac{5}{9} =$

⑪ $3\dfrac{2}{5} + \dfrac{4}{5} =$

⑫ $2\dfrac{5}{8} + \dfrac{6}{8} =$

⑬ $4\dfrac{5}{7} + \dfrac{3}{7} =$

⑭ $\dfrac{4}{6} + 1\dfrac{5}{6} =$

식을 세워 보자! ____

정답 : (   )

다음 분수를 덧셈하여 대분수로 고치시오. 답은 약분하지 않아도 됩니다.

① $1\dfrac{4}{6} + \dfrac{5}{6} =$

② $4\dfrac{5}{7} + \dfrac{3}{7} =$

③ $2\dfrac{4}{8} + \dfrac{5}{8} =$

④ $\dfrac{2}{9} + 2\dfrac{5}{9} =$

⑤ $\dfrac{3}{4} + 3\dfrac{3}{4} =$

⑥ $\dfrac{4}{5} + 2\dfrac{4}{5} =$

⑦ $2\dfrac{4}{7} + 3\dfrac{4}{7} =$

⑧ $2\dfrac{5}{8} + 2\dfrac{3}{8} =$

⑨ $3\dfrac{4}{6} + 1\dfrac{5}{6} =$

⑩ $2\dfrac{4}{7} + 5\dfrac{5}{7} =$

⑪ $3\dfrac{4}{5} + \dfrac{1}{5} =$

⑫ $2\dfrac{4}{8} + \dfrac{5}{8} =$

⑬ $3\dfrac{5}{7} + \dfrac{3}{7} =$

⑭ $\dfrac{5}{8} + 1\dfrac{4}{8} =$

⑮ $\dfrac{4}{5} + 2\dfrac{2}{5} =$ ⑯ $\dfrac{4}{7} + 4\dfrac{5}{7} =$

⑰ $1\dfrac{5}{9} + 2\dfrac{6}{9} =$ ⑱ $2\dfrac{4}{6} + 3\dfrac{4}{6} =$

⑲ $2\dfrac{5}{7} + 2\dfrac{3}{7} =$ ⑳ $3\dfrac{4}{9} + 1\dfrac{5}{9} =$

테스트 결과표

성취도 테스트 문제는 앞 장의 공부가 끝나고 얼마나 정확하고 빠르게 습득했는지를 알아보기 위한 확인과정의 테스트입니다.
아이가 무엇을 이해 못하는지 어느 부분에서 실수를 하는지 보완하고 잡아주기 위한 자료로 활용하시면 아이에게 큰 도움이 될 것입니다.

정답수	20문제	18문제	16문제	16문제 이하
성취도	**아주 잘함**	**잘함**	**보통**	**부족함**

※ 정답은 뒷장에 있습니다.

분모가 같은 분수의 덧셈(4)

지도 내용

자연수는 자연수끼리의 덧셈, 분수는 분수끼리의 덧셈 후에 자연수와 분수의 덧셈하는 방법을 가르쳐 줍니다.

이 단계는 대분수와 대분수의 덧셈에서 더한 값이 가분수로 나온 경우, 가분수를 대분수로 고쳐 답을 적는 방법을 공부합니다.

⊙ 대분수 + 대분수

$$1\frac{2}{5} + 1\frac{4}{5} = 3\frac{1}{5}$$

① 자연수끼리 더합니다. (1+1=2)

② 분수끼리 더합니다.

$$\left(\frac{2}{5} + \frac{4}{5} = \frac{6}{5} = 1\frac{1}{5}\right)$$

③ 자연수끼리 더한 값에 가분수를 대분수로 고친 값을 더합니다.

$$\left(2 + 1\frac{1}{5} = 3\frac{1}{5}\right)$$

66단계 성취도문제 정답										
❶ $2\frac{3}{6}$	❷ $5\frac{1}{7}$	❸ $3\frac{1}{8}$	❹ $2\frac{7}{9}$	❺ $4\frac{2}{4}$	❻ $3\frac{3}{5}$	❼ $6\frac{1}{7}$	❽ 5	❾ $5\frac{3}{6}$	❿ $8\frac{2}{7}$	
⓫ 4	⓬ $3\frac{1}{8}$	⓭ $4\frac{1}{7}$	⓮ $2\frac{1}{8}$	⓯ $3\frac{1}{5}$	⓰ $5\frac{2}{7}$	⓱ $4\frac{2}{9}$	⓲ $6\frac{2}{6}$	⓳ $5\frac{1}{7}$	⓴ 5	

66단계 문장 수학 논술 문제 정답

1. 식 $2\frac{5}{8} + \frac{5}{8}$ 답 $3\frac{2}{8} = 3\frac{1}{4}$

2. 식 $3\frac{4}{11} + 3\frac{9}{11}$ 답 $7\frac{2}{11}$

3. 식 $10\frac{2}{5} + 7\frac{5}{4}$ 답 $18\frac{1}{5}$

4. 식 $1\frac{6}{7} + \frac{4}{7}$ 답 $2\frac{3}{7}$

분모가 같은 분수의 덧셈 (4)

67 단계
기 ㅣ 초 ㅣ 편

67단계 종합 성적

참 잘했어요!	잘했어요!	열심히 했어요!

틀린 개수 0~2개	틀린 개수 3~5개	틀린 개수 6개 이상

● 학습 일정 관리표 ●

	정답수	오답수	공부한 날	확 인
67-01호				
67-02호				
67-03호				
67-04호				
67-05호				
67-06호				
67-07호				
67-08호				

- 엄마와 함께 공부하면서 아이가 직접 써 나가도록 지도해 주세요.
- 틀린 개수를 확인하고 왜 틀렸는지 다시 한번 내용을 확인해 주세요.

■ 다음 분수를 덧셈하여 대분수로 고치시오. 답은 약분하지 않아도 됩니다.

① $2\dfrac{2}{4} + 2\dfrac{3}{4} =$

② $2\dfrac{5}{7} + 1\dfrac{6}{7} =$

③ $2\dfrac{5}{9} + 3\dfrac{7}{9} =$

④ $3\dfrac{7}{12} + 1\dfrac{8}{12} =$

⑤ $4\dfrac{5}{13} + 1\dfrac{8}{13} =$

⑥ $4\dfrac{11}{17} + 2\dfrac{15}{17} =$

⑦ $3\dfrac{12}{20} + 1\dfrac{8}{20} =$

⑧ $2\dfrac{10}{19} + 2\dfrac{11}{19} =$

⑨ $1\dfrac{12}{18} + 1\dfrac{12}{18} =$

⑩ $2\dfrac{15}{21} + 2\dfrac{7}{21} =$

⑪ $3\dfrac{5}{7} + 1\dfrac{6}{7} =$

⑫ $2\dfrac{6}{10} + 2\dfrac{8}{10} =$

⑬ $2\dfrac{11}{13} + 1\dfrac{12}{13} =$

⑭ $3\dfrac{7}{11} + 1\dfrac{5}{11} =$

재미있게 공부 하는 문장 수학 논술 문제

5. 영희와 철수는 포도밭에 가서 포도를 땄습니다. 영희는 $1\dfrac{13}{15}$ kg을 땄고, 철수는 $2\dfrac{14}{15}$ kg을 땄습니다. 영희와 철수가 딴 포도는 모두 몇 kg일까요?

■ 다음 분수를 덧셈하여 대분수로 고치시오. 답은 약분하지 않아도 됩니다.

① $3\dfrac{3}{5} + 2\dfrac{4}{5} =$　　　　② $2\dfrac{4}{6} + 2\dfrac{3}{6} =$

③ $3\dfrac{3}{8} + 2\dfrac{5}{8} =$　　　　④ $3\dfrac{8}{12} + 1\dfrac{10}{12} =$

⑤ $2\dfrac{13}{15} + 2\dfrac{11}{15} =$　　　　⑥ $3\dfrac{13}{16} + 1\dfrac{14}{16} =$

⑦ $2\dfrac{15}{19} + 2\dfrac{17}{19} =$　　　　⑧ $3\dfrac{17}{24} + 3\dfrac{18}{24} =$

⑨ $4\dfrac{18}{26} + 2\dfrac{19}{26} =$　　　　⑩ $3\dfrac{23}{27} + 1\dfrac{25}{27} =$

⑪ $2\dfrac{4}{5} + 2\dfrac{4}{5} =$　　　　⑫ $3\dfrac{4}{7} + 3\dfrac{6}{7} =$

⑬ $3\dfrac{8}{11} + 3\dfrac{10}{11} =$　　　　⑭ $1\dfrac{13}{15} + 2\dfrac{14}{15} =$

식을 세워 보자!　＿＿＿＿＿＿＿＿＿＿＿＿＿＿＿＿

정답 : (　　　　　　　　)

■ 다음 분수를 덧셈하여 대분수로 고치시오. 답은 약분하지 않아도 됩니다.

① $3\dfrac{4}{5} + 3\dfrac{4}{5} =$

② $1\dfrac{3}{7} + 2\dfrac{5}{7} =$

③ $2\dfrac{4}{9} + 2\dfrac{6}{9} =$

④ $3\dfrac{11}{13} + 1\dfrac{12}{13} =$

⑤ $4\dfrac{15}{17} + 2\dfrac{14}{17} =$

⑥ $2\dfrac{16}{18} + 2\dfrac{15}{18} =$

⑦ $3\dfrac{20}{23} + 2\dfrac{21}{23} =$

⑧ $2\dfrac{21}{25} + 2\dfrac{24}{25} =$

⑨ $3\dfrac{25}{27} + 1\dfrac{15}{27} =$

⑩ $2\dfrac{27}{29} + 3\dfrac{21}{29} =$

⑪ $3\dfrac{5}{6} + 2\dfrac{3}{6} =$

⑫ $3\dfrac{3}{9} + 3\dfrac{7}{9} =$

⑬ $2\dfrac{8}{11} + 2\dfrac{10}{11} =$

⑭ $1\dfrac{12}{14} + 2\dfrac{11}{14} =$

재미있게 공부 하는 문장 수학 논술 문제

6. $3\dfrac{8}{12}$ 리터의 기름이 들어있는 기름통에 $1\dfrac{10}{12}$ 의 기름을 더 넣었습니다. 기름통에 들어 있는 기름은 모두 몇 리터일까요?

67-04

■ 다음 분수를 덧셈하여 대분수로 고치시오. 답은 약분하지 않아도 됩니다.

① $3\dfrac{3}{4} + 3\dfrac{3}{4} =$

② $2\dfrac{5}{7} + 2\dfrac{6}{7} =$

③ $3\dfrac{6}{8} + 1\dfrac{5}{8} =$

④ $2\dfrac{8}{11} + 2\dfrac{9}{11} =$

⑤ $3\dfrac{13}{15} + 2\dfrac{14}{15} =$

⑥ $4\dfrac{14}{17} + 2\dfrac{15}{17} =$

⑦ $3\dfrac{15}{19} + 3\dfrac{16}{19} =$

⑧ $2\dfrac{21}{24} + 2\dfrac{18}{24} =$

⑨ $2\dfrac{23}{25} + 2\dfrac{17}{25} =$

⑩ $3\dfrac{21}{27} + 1\dfrac{23}{27} =$

⑪ $3\dfrac{5}{8} + 3\dfrac{6}{8} =$

⑫ $2\dfrac{6}{9} + 2\dfrac{7}{9} =$

⑬ $3\dfrac{8}{10} + 1\dfrac{9}{10} =$

⑭ $4\dfrac{4}{12} + 4\dfrac{7}{12} =$

식을 세워 보자! ______________________

정답 : (   )

■ 다음 분수를 덧셈하여 대분수로 고치시오. 답은 약분하지 않아도 됩니다.

① $3\dfrac{3}{5} + 1\dfrac{4}{5} =$ ② $2\dfrac{4}{7} + 2\dfrac{4}{7} =$

③ $3\dfrac{8}{10} + 2\dfrac{9}{10} =$ ④ $2\dfrac{11}{14} + 2\dfrac{13}{14} =$

⑤ $1\dfrac{12}{17} + 1\dfrac{15}{17} =$ ⑥ $3\dfrac{13}{19} + 2\dfrac{15}{19} =$

⑦ $2\dfrac{18}{22} + 2\dfrac{21}{22} =$ ⑧ $3\dfrac{23}{25} + 2\dfrac{23}{25} =$

⑨ $4\dfrac{21}{27} + 2\dfrac{21}{27} =$ ⑩ $3\dfrac{17}{24} + 1\dfrac{18}{24} =$

⑪ $4\dfrac{5}{8} + 1\dfrac{4}{8} =$ ⑫ $3\dfrac{4}{9} + 2\dfrac{6}{9} =$

⑬ $3\dfrac{11}{13} + 3\dfrac{12}{13} =$ ⑭ $2\dfrac{10}{15} + 2\dfrac{13}{15} =$

| 재미있게 공부
하는 문장 수학
논술 문제 | 7. 희진이가 할머니 댁에 가는데 기차로 $4\dfrac{21}{50}$ 시간이 걸리고, 버스로 갈아타서 $1\dfrac{4}{50}$ 시간이 더 걸렸다고 합니다. 희진이가 할머니 댁에 가는데 걸린 시간은 모두 몇 시간일까요? |

■ 다음 분수를 덧셈하여 대분수로 고치시오. 답은 약분하지 않아도 됩니다.

① $4\dfrac{3}{6} + 2\dfrac{5}{6} =$

② $3\dfrac{5}{8} + 3\dfrac{6}{8} =$

③ $3\dfrac{9}{11} + 1\dfrac{10}{11} =$

④ $1\dfrac{12}{14} + 1\dfrac{10}{14} =$

⑤ $3\dfrac{15}{17} + 2\dfrac{13}{17} =$

⑥ $2\dfrac{17}{20} + 3\dfrac{19}{20} =$

⑦ $3\dfrac{21}{24} + 2\dfrac{21}{24} =$

⑧ $2\dfrac{25}{27} + 3\dfrac{15}{27} =$

⑨ $3\dfrac{13}{26} + 2\dfrac{13}{26} =$

⑩ $4\dfrac{21}{28} + 2\dfrac{24}{28} =$

⑪ $3\dfrac{5}{7} + 2\dfrac{5}{7} =$

⑫ $2\dfrac{4}{9} + 3\dfrac{5}{9} =$

⑬ $3\dfrac{11}{13} + 3\dfrac{12}{13} =$

⑭ $4\dfrac{11}{15} + 2\dfrac{12}{15} =$

식을 세워 보자! ___________________________

정답 : (   )

■ 다음 분수를 덧셈하여 대분수로 고치시오. 답은 약분하지 않아도 됩니다.

① $3\dfrac{3}{4} + 2\dfrac{3}{4} =$

② $2\dfrac{6}{8} + 2\dfrac{6}{8} =$

③ $3\dfrac{9}{12} + 3\dfrac{9}{12} =$

④ $2\dfrac{11}{15} + 4\dfrac{12}{15} =$

⑤ $3\dfrac{14}{17} + 2\dfrac{15}{17} =$

⑥ $6\dfrac{15}{19} + 1\dfrac{17}{19} =$

⑦ $2\dfrac{21}{23} + 1\dfrac{21}{23} =$

⑧ $3\dfrac{21}{25} + 3\dfrac{17}{25} =$

⑨ $2\dfrac{24}{27} + 3\dfrac{25}{27} =$

⑩ $3\dfrac{17}{28} + 2\dfrac{21}{28} =$

⑪ $4\dfrac{3}{5} + 3\dfrac{3}{5} =$

⑫ $3\dfrac{8}{10} + 2\dfrac{9}{10} =$

⑬ $3\dfrac{9}{11} + 3\dfrac{10}{11} =$

⑭ $2\dfrac{10}{12} + 4\dfrac{10}{12} =$

재미있게 공부하는 문장 수학 논술 문제

8. 소현이는 앵두 $3\dfrac{21}{24}$ kg과 체리 $2\dfrac{18}{24}$ kg을 샀습니다.

소현이가 산 앵두와 체리의 무게는 모두 몇 kg일까요?

■ 다음 분수를 덧셈하여 대분수로 고치시오. 답은 약분하지 않아도 됩니다.

① $2\dfrac{4}{7} + 2\dfrac{4}{7} =$

② $3\dfrac{7}{9} + 1\dfrac{8}{9} =$

③ $2\dfrac{11}{13} + 3\dfrac{11}{13} =$

④ $3\dfrac{12}{15} + 1\dfrac{10}{15} =$

⑤ $2\dfrac{15}{17} + 1\dfrac{13}{17} =$

⑥ $3\dfrac{12}{19} + 3\dfrac{15}{19} =$

⑦ $3\dfrac{18}{21} + 2\dfrac{19}{21} =$

⑧ $2\dfrac{22}{25} + 4\dfrac{23}{25} =$

⑨ $3\dfrac{25}{27} + 1\dfrac{26}{27} =$

⑩ $2\dfrac{17}{23} + 2\dfrac{18}{23} =$

⑪ $2\dfrac{2}{6} + 2\dfrac{5}{6} =$

⑫ $3\dfrac{4}{10} + 3\dfrac{7}{10} =$

⑬ $5\dfrac{13}{14} + 2\dfrac{13}{14} =$

⑭ $3\dfrac{13}{17} + 2\dfrac{15}{17} =$

식을 세워 보자! ________________________

정답 : (   )

다음 분수를 덧셈하여 대분수로 고치시오. 답은 약분하지 않아도 됩니다.

① $2\dfrac{4}{6} + 2\dfrac{4}{6} =$

② $2\dfrac{5}{8} + 2\dfrac{5}{8} =$

③ $3\dfrac{9}{12} + 2\dfrac{11}{12} =$

④ $3\dfrac{11}{15} + 1\dfrac{13}{15} =$

⑤ $2\dfrac{13}{17} + 2\dfrac{14}{17} =$

⑥ $1\dfrac{19}{22} + 3\dfrac{20}{22} =$

⑦ $3\dfrac{17}{25} + 2\dfrac{18}{25} =$

⑧ $2\dfrac{25}{27} + 3\dfrac{25}{27} =$

⑨ $3\dfrac{22}{28} + 1\dfrac{21}{28} =$

⑩ $2\dfrac{23}{29} + 2\dfrac{25}{29} =$

⑪ $3\dfrac{3}{7} + 3\dfrac{3}{7} =$

⑫ $2\dfrac{2}{9} + 1\dfrac{7}{9} =$

⑬ $2\dfrac{12}{13} + 2\dfrac{12}{13} =$

⑭ $3\dfrac{13}{16} + 1\dfrac{14}{16} =$

⑮ $3\dfrac{14}{18} + 1\dfrac{15}{18} =$

⑯ $4\dfrac{16}{21} + 2\dfrac{17}{21} =$

⑰ $1\dfrac{21}{24} + 1\dfrac{23}{24} =$

⑱ $2\dfrac{13}{26} + 4\dfrac{13}{26} =$

⑲ $3\dfrac{25}{28} + 2\dfrac{20}{28} =$

⑳ $2\dfrac{17}{25} + 2\dfrac{19}{25} =$

테스트 결과표

성취도 테스트 문제는 앞 장의 공부가 끝나고 얼마나 정확하고 빠르게 습득했는지를 알아보기 위한 확인과정의 테스트입니다.
아이가 무엇을 이해 못하는지 어느 부분에서 실수를 하는지 보완하고 잡아주기 위한 자료로 활용하시면 아이에게 큰 도움이 될 것입니다.

정답수	20문제	18문제	16문제	16문제 이하
성취도	**아주 잘함**	**잘함**	**보통**	**부족함**

※ 정답은 뒷장에 있습니다.

68단계 지·도·내·용

대분수를 가분수로 고쳐서 계산하기

지도 내용

대분수를 가분수로 고칠 때, 자연수 부분 중 1만을 가져와 분수로 고치는 점을 가르쳐 주세요. 분수의 뺄셈은 대분수를 가분수로 고치는 방법을 먼저 알아야 합니다.

⊙ 대분수 전체를 가분수로 고치는 방법

$$2\frac{2}{5} = 2 + \frac{2}{5} = \frac{5}{5} + \frac{5}{5} + \frac{2}{5} = \frac{12}{5}$$

① 자연수 2를 분수의 형태로 고칩니다. $\frac{5}{5} + \frac{5}{5} = \frac{10}{5}$

② 분수끼리 더합니다. $\frac{10}{5} + \frac{2}{5} = \frac{12}{5}$

⊙ 대분수 일부분만 가분수로 고치는 방법

$$2\frac{2}{5} = 1 + \frac{5}{5} + \frac{2}{5} = 1\frac{7}{5}$$

① 자연수 2에서 1을 가져와 분수의 형태로 고칩니다.

② 분수끼리 더한 다음 자연수를 더합니다.

이렇게 대분수를 가분수로 고칠 때에는 자연수 부분을 분수로 고친 후 분수 부분과 더합니다.

67단계 성취도문제 정답

❶ $5\frac{2}{6}$ ❷ $5\frac{2}{8}$ ❸ $6\frac{8}{12}$ ❹ $5\frac{9}{15}$ ❺ $5\frac{10}{17}$ ❻ $5\frac{17}{22}$ ❼ $6\frac{10}{25}$ ❽ $6\frac{23}{27}$ ❾ $5\frac{15}{28}$ ❿ $5\frac{19}{29}$

⓫ $6\frac{6}{7}$ ⓬ 4 ⓭ $5\frac{11}{13}$ ⓮ $5\frac{11}{16}$ ⓯ $5\frac{11}{18}$ ⓰ $7\frac{12}{21}$ ⓱ $3\frac{20}{24}$ ⓲ 7 ⓳ $6\frac{17}{28}$ ⓴ $5\frac{11}{25}$

67단계 문장 수학 논술 문제 정답

5. 식 $1\frac{13}{15} + 2\frac{14}{15}$ 답 $4\frac{12}{15} = 4\frac{4}{5}$

6. 식 $3\frac{8}{12} + 1\frac{10}{12}$ 답 $5\frac{6}{12} = 5\frac{1}{2}$

7. 식 $4\frac{21}{50} + 1\frac{4}{50}$ 답 $5\frac{25}{50} = 5\frac{1}{2}$

8. 식 $3\frac{21}{24} + 2\frac{18}{24}$ 답 $6\frac{15}{24} = 6\frac{5}{8}$

대분수를 가분수로 고쳐서 계산하기

68단계

기 | 초 | 편

68단계 종합 성적

참 잘했어요!

틀린 개수 0~2개

잘했어요!

틀린 개수 3~5개

열심히 했어요!

틀린 개수 6개 이상

● 학습 일정 관리표 ●

	정답수	오답수	공부한 날	확 인
68-01호				
68-02호				
68-03호				
68-04호				
68-05호				
68-06호				
68-07호				
68-08호				

- 엄마와 함께 공부하면서 아이가 직접 써 나가도록 지도해 주세요.
- 틀린 개수를 확인하고 왜 틀렸는지 다시 한번 내용을 확인해 주세요.

■ 다음 대분수를 가분수로 고치시오.

① $5\dfrac{2}{6} =$ 　　　　② $6\dfrac{8}{12} =$

③ $5\dfrac{9}{15} =$ 　　　　④ $2\dfrac{1}{4} =$

⑤ $3\dfrac{2}{5} =$ 　　　　⑥ $6\dfrac{2}{6} =$

⑦ $2\dfrac{2}{5} =$ 　　　　⑧ $3\dfrac{2}{8} =$

⑨ $4\dfrac{4}{9} =$ 　　　　⑩ $3\dfrac{1}{10} =$

⑪ $2\dfrac{11}{12} =$ 　　　　⑫ $4\dfrac{21}{25} =$

⑬ $8\dfrac{1}{5} =$ 　　　　⑭ $6\dfrac{7}{10} =$

재미있게 공부 하는 문장 수학 논술 문제

9. 기웅이는 과자 $1\dfrac{3}{8}$ 봉지를 먹었고, 지혜는 $1\dfrac{1}{8}$ 봉지를 먹었습니다. 기웅이와 지혜가 먹은 과자는 모두 몇 봉지일까요? 가분수로 답을 구하세요.

■ 다음 대분수를 가분수로 고치시오.

① $5\dfrac{6}{9} =$　　　　　② $6\dfrac{2}{4} =$

③ $7\dfrac{2}{6} =$　　　　　④ $2\dfrac{1}{8} =$

⑤ $3\dfrac{2}{4} =$　　　　　⑥ $3\dfrac{3}{8} =$

⑦ $7\dfrac{5}{7} =$　　　　　⑧ $5\dfrac{2}{3} =$

⑨ $6\dfrac{1}{2} =$　　　　　⑩ $4\dfrac{8}{13} =$

⑪ $3\dfrac{6}{11} =$　　　　　⑫ $2\dfrac{13}{18} =$

⑬ $6\dfrac{3}{7} =$　　　　　⑭ $4\dfrac{1}{8} =$

식을 세워 보자! ___________________________

정답 : (　　　　　　　　)

■ 다음 대분수를 가분수로 고치시오.

① $3\dfrac{6}{8} =$

② $5\dfrac{4}{10} =$

③ $7\dfrac{3}{7} =$

④ $3\dfrac{1}{5} =$

⑤ $2\dfrac{4}{7} =$

⑥ $3\dfrac{2}{3} =$

⑦ $4\dfrac{5}{7} =$

⑧ $4\dfrac{1}{2} =$

⑨ $2\dfrac{4}{6} =$

⑩ $3\dfrac{4}{15} =$

⑪ $4\dfrac{15}{17} =$

⑫ $3\dfrac{18}{24} =$

⑬ $5\dfrac{3}{5} =$

⑭ $3\dfrac{6}{18} =$

재미있게 공부 하는 문장 수학 논술 문제

10. 쌀은 $3\dfrac{2}{12}$ kg을 사고, 콩은 $1\dfrac{11}{12}$ kg을 샀습니다. 쌀과 콩의 무게의 합은 몇 kg일까요? 가분수로 답을 구하세요.

■ 다음 대분수를 가분수로 고치시오.

① $8\dfrac{1}{6} =$ 　　　　② $4\dfrac{6}{12} =$

③ $6\dfrac{2}{5} =$ 　　　　④ $4\dfrac{2}{7} =$

⑤ $4\dfrac{5}{8} =$ 　　　　⑥ $3\dfrac{4}{6} =$

⑦ $2\dfrac{5}{9} =$ 　　　　⑧ $4\dfrac{4}{7} =$

⑨ $3\dfrac{1}{3} =$ 　　　　⑩ $2\dfrac{7}{15} =$

⑪ $3\dfrac{13}{18} =$ 　　　　⑫ $4\dfrac{11}{24} =$

⑬ $7\dfrac{7}{11} =$ 　　　　⑭ $4\dfrac{12}{15} =$

식을 세워 보자! ________________________________

정답 : (　　　　　　　　　)

■ 다음 대분수를 가분수로 고치시오.

① $6\dfrac{3}{9} =$ 　　　② $5\dfrac{4}{10} =$

③ $3\dfrac{6}{8} =$ 　　　④ $3\dfrac{2}{5} =$

⑤ $4\dfrac{5}{7} =$ 　　　⑥ $3\dfrac{4}{6} =$

⑦ $2\dfrac{2}{9} =$ 　　　⑧ $2\dfrac{3}{8} =$

⑨ $3\dfrac{6}{7} =$ 　　　⑩ $4\dfrac{8}{11} =$

⑪ $3\dfrac{7}{14} =$ 　　　⑫ $2\dfrac{14}{17} =$

⑬ $7\dfrac{11}{26} =$ 　　　⑭ $5\dfrac{1}{11} =$

재미있게 공부
하는 문장 수학
논술 문제

11. 약수터에서 아버지는 물을 $4\dfrac{3}{10}$ 리터, 기용이는 $1\dfrac{7}{10}$ 리터를 떠왔습니다. 아버지와 기용이가 떠온 물은 모두 몇 리터일까요? 가분수로 답을 구하세요.

■ 다음 대분수를 가분수로 고치시오.

① $4\dfrac{4}{7} =$　　　　② $5\dfrac{6}{12} =$

③ $7\dfrac{3}{7} =$　　　　④ $3\dfrac{1}{4} =$

⑤ $4\dfrac{3}{6} =$　　　　⑥ $3\dfrac{2}{8} =$

⑦ $4\dfrac{5}{7} =$　　　　⑧ $2\dfrac{1}{6} =$

⑨ $3\dfrac{4}{5} =$　　　　⑩ $2\dfrac{11}{15} =$

⑪ $3\dfrac{13}{17} =$　　　　⑫ $4\dfrac{10}{22} =$

⑬ $5\dfrac{2}{19} =$　　　　⑭ $4\dfrac{10}{13} =$

식을 세워 보자! ＿＿＿＿＿＿＿＿＿＿＿＿＿＿＿

정답 : (　　　　　　　)

■ 다음 대분수를 가분수로 고치시오.

① $7\dfrac{1}{3} =$

② $4\dfrac{3}{8} =$

③ $6\dfrac{2}{4} =$

④ $4\dfrac{3}{5} =$

⑤ $3\dfrac{4}{7} =$

⑥ $2\dfrac{5}{9} =$

⑦ $3\dfrac{2}{8} =$

⑧ $4\dfrac{7}{9} =$

⑨ $3\dfrac{2}{3} =$

⑩ $4\dfrac{8}{12} =$

⑪ $3\dfrac{11}{15} =$

⑫ $4\dfrac{21}{25} =$

⑬ $3\dfrac{8}{14} =$

⑭ $7\dfrac{8}{15} =$

재미있게 공부 하는 문장 수학 논술 문제

12. $1\dfrac{15}{21}$ 리터의 간장이 들어 있는 통에 $3\dfrac{17}{21}$ 리터의 간장을 더 부었습니다. 간장 통에 들어 있는 간장은 모두 몇 리터일까요? 가분수로 답을 구하세요.

■ 다음 대분수를 가분수로 고치시오.

❶ $2\dfrac{1}{7} =$

❷ $8\dfrac{1}{10} =$

❸ $7\dfrac{8}{12} =$

❹ $5\dfrac{1}{2} =$

❺ $3\dfrac{4}{7} =$

❻ $2\dfrac{2}{6} =$

❼ $3\dfrac{3}{8} =$

❽ $2\dfrac{2}{5} =$

❾ $4\dfrac{2}{3} =$

❿ $2\dfrac{9}{13} =$

⓫ $3\dfrac{12}{16} =$

⓬ $4\dfrac{14}{25} =$

⓭ $8\dfrac{2}{14} =$

⓮ $6\dfrac{16}{21} =$

식을 세워 보자! ___________________

정답 : (   )

■ 다음 대분수를 가분수로 고치시오.

① $5\dfrac{3}{5} =$ ② $2\dfrac{4}{7} =$

③ $6\dfrac{7}{10} =$ ④ $3\dfrac{2}{4} =$

⑤ $4\dfrac{5}{8} =$ ⑥ $3\dfrac{4}{7} =$

⑦ $2\dfrac{1}{2} =$ ⑧ $4\dfrac{2}{3} =$

⑨ $3\dfrac{2}{9} =$ ⑩ $4\dfrac{9}{13} =$

⑪ $3\dfrac{11}{17} =$ ⑫ $4\dfrac{19}{23} =$

⑬ $3\dfrac{8}{12} =$ ⑭ $2\dfrac{11}{13} =$

⑮ $8\dfrac{3}{4} =$

⑯ $3\dfrac{5}{7} =$

⑰ $4\dfrac{5}{8} =$

⑱ $3\dfrac{7}{9} =$

⑲ $2\dfrac{4}{8} =$

⑳ $3\dfrac{3}{9} =$

테스트 결과표

성취도 테스트 문제는 앞 장의 공부가 끝나고 얼마나 정확하고 빠르게 습득했는지를 알아보기 위한 확인과정의 테스트입니다.

아이가 무엇을 이해 못하는지 어느 부분에서 실수를 하는지 보완하고 잡아주기 위한 자료로 활용하시면 아이에게 큰 도움이 될 것입니다.

정답수	20문제	18문제	16문제	16문제 이하
성취도	**아주 잘함**	**잘함**	**보통**	**부족함**

※ 정답은 뒷장에 있습니다.

69단계 지·도·내·용

분모가 같은 분수의 뺄셈(3)

지도 내용

자연수를 분수로 바꾸는 것은 자연수 1을 가져와 가분수의 형태로 바꾸는 것을 가르쳐 주세요.

대분수와 진분수의 뺄셈을 공부합니다.

⊙ 대분수 − 진분수

$$4\frac{1}{3} - \frac{2}{3} = 3\frac{4}{3} - \frac{2}{3} = 3\frac{2}{3}$$

① $\frac{1}{3}$ 에서 $\frac{4}{3}$ 를 뺄 수 없으므로 $4\frac{1}{3}$ 의 자연수부분 4에서 1을 가져와 $3\frac{4}{3}$ 로 만들어 줍니다.

② 분수끼리 뺄셈을 합니다. ($\frac{4}{3} - \frac{2}{3} = \frac{2}{3}$)

③ 자연수 부분과 분수 부분을 더합니다. ($3 + \frac{2}{3} = 3\frac{2}{5}$)

대분수와 진분수의 뺄셈에서 대분수의 분수 부분이 뒤의 분수보다 작을 경우, 자연수 부분에서 1을 가져와 가분수로 만든 후에 분수끼리 뺍니다.

68단계 성취도문제 정답

① $\frac{28}{5}$ ② $\frac{18}{7}$ ③ $\frac{67}{10}$ ④ $\frac{14}{4}$ ⑤ $\frac{37}{8}$ ⑥ $\frac{25}{7}$ ⑦ $\frac{5}{2}$ ⑧ $\frac{14}{3}$ ⑨ $\frac{29}{9}$ ⑩ $\frac{61}{13}$

⑪ $\frac{62}{17}$ ⑫ $\frac{111}{23}$ ⑬ $\frac{44}{12}$ ⑭ $\frac{37}{13}$ ⑮ $\frac{35}{4}$ ⑯ $\frac{26}{7}$ ⑰ $\frac{37}{8}$ ⑱ $\frac{34}{9}$ ⑲ $\frac{20}{8}$ ⑳ $\frac{30}{9}$

68단계 문장 수학 논술 문제 정답

9. 식 $\frac{11}{8} + \frac{9}{8}$ 답 $\frac{20}{8}$

10. 식 $\frac{38}{12} + \frac{23}{12}$ 답 $\frac{61}{12}$

11. 식 $\frac{43}{10} + \frac{17}{10}$ 답 $\frac{60}{10}$

12. 식 $\frac{36}{21} + \frac{80}{21}$ 답 $\frac{116}{21}$

분모가 같은 분수의 뺄셈 (3)

69단계 종합 성적

참 잘했어요!	잘했어요!	열심히 했어요!

틀린 개수 0~2개	틀린 개수 3~5개	틀린 개수 6개 이상

● 학습 일정 관리표 ●

	정답수	오답수	공부한 날	확 인
69-01호				
69-02호				
69-03호				
69-04호				
69-05호				
69-06호				
69-07호				
69-08호				

- 엄마와 함께 공부하면서 아이가 직접 써 나가도록 지도해 주세요.
- 틀린 개수를 확인하고 왜 틀렸는지 다시 한번 내용을 확인해 주세요.

■ 다음 분수의 뺄셈을 하시오. 답은 약분하지 않아도 됩니다.

❶ $4\dfrac{3}{4} - \dfrac{1}{4} =$

❷ $3\dfrac{5}{6} - \dfrac{5}{6} =$

❸ $4\dfrac{4}{7} - \dfrac{6}{7} =$

❹ $3\dfrac{5}{8} - \dfrac{3}{8} =$

❺ $3\dfrac{2}{9} - \dfrac{7}{9} =$

❻ $4\dfrac{2}{6} - \dfrac{4}{6} =$

❼ $3\dfrac{2}{7} - \dfrac{6}{7} =$

❽ $4\dfrac{7}{10} - \dfrac{3}{10} =$

❾ $3\dfrac{3}{11} - \dfrac{7}{11} =$

❿ $4\dfrac{11}{15} - \dfrac{7}{15} =$

⓫ $4\dfrac{4}{5} - \dfrac{2}{5} =$

⓬ $3\dfrac{4}{7} - \dfrac{2}{7} =$

⓭ $2\dfrac{8}{9} - \dfrac{5}{9} =$

⓮ $4\dfrac{2}{7} - \dfrac{6}{7} =$

재미있게 공부 하는 문장 수학 논술 문제

13. 영진이의 책가방은 $3\dfrac{1}{4}$ kg이고, 기훈이의 책가방은 $\dfrac{3}{4}$ kg 입니다. 영진이의 책가방은 기훈이의 책가방보다 몇 kg 무겁습니까?

■ 다음 분수의 뺄셈을 하시오. 답은 약분하지 않아도 됩니다.

❶ $4\dfrac{3}{6} - \dfrac{2}{6} =$

❷ $2\dfrac{2}{7} - \dfrac{5}{7} =$

❸ $4\dfrac{3}{8} - \dfrac{7}{8} =$

❹ $3\dfrac{1}{9} - \dfrac{5}{9} =$

❺ $5\dfrac{6}{7} - \dfrac{5}{7} =$

❻ $4\dfrac{7}{10} - \dfrac{8}{10} =$

❼ $3\dfrac{3}{11} - \dfrac{8}{11} =$

❽ $4\dfrac{10}{13} - \dfrac{11}{13} =$

❾ $4\dfrac{13}{15} - \dfrac{12}{15} =$

❿ $3\dfrac{17}{21} - \dfrac{20}{21} =$

⓫ $3\dfrac{5}{8} - \dfrac{7}{8} =$

⓬ $4\dfrac{2}{5} - \dfrac{3}{5} =$

⓭ $3\dfrac{6}{7} - \dfrac{2}{7} =$

⓮ $4\dfrac{3}{4} - \dfrac{3}{4} =$

식을 세워 보자! _______________________________

정답 : (   )

■ 다음 분수의 뺄셈을 하시오. 답은 약분하지 않아도 됩니다.

① $4\dfrac{2}{4} - \dfrac{3}{4} =$ ② $3\dfrac{4}{5} - \dfrac{3}{5} =$

③ $2\dfrac{3}{7} - \dfrac{5}{7} =$ ④ $3\dfrac{4}{8} - \dfrac{5}{8} =$

⑤ $4\dfrac{8}{10} - \dfrac{9}{10} =$ ⑥ $3\dfrac{12}{17} - \dfrac{15}{17} =$

⑦ $4\dfrac{12}{13} - \dfrac{11}{13} =$ ⑧ $3\dfrac{15}{21} - \dfrac{17}{21} =$

⑨ $4\dfrac{5}{24} - \dfrac{15}{24} =$ ⑩ $3\dfrac{10}{23} - \dfrac{17}{23} =$

⑪ $5\dfrac{2}{5} - \dfrac{3}{5} =$ ⑫ $3\dfrac{5}{7} - \dfrac{4}{7} =$

⑬ $4\dfrac{2}{9} - \dfrac{5}{9} =$ ⑭ $2\dfrac{7}{8} - \dfrac{6}{8} =$

**재미있게 공부
하는 문장 수학
논술 문제**

14. 정육점에서 소고기는 $2\dfrac{3}{10}$ kg을 사고, 돼지고기는 $\dfrac{7}{10}$ kg을 샀습니다. 소고기를 돼지고기보다 몇 kg 더 샀습니까?

■ 다음 분수의 뺄셈을 하시오. 답은 약분하지 않아도 됩니다.

① $4\dfrac{2}{3} - \dfrac{1}{3} =$

② $3\dfrac{2}{7} - \dfrac{5}{7} =$

③ $4\dfrac{4}{6} - \dfrac{5}{6} =$

④ $3\dfrac{3}{9} - \dfrac{7}{9} =$

⑤ $3\dfrac{5}{8} - \dfrac{6}{8} =$

⑥ $3\dfrac{7}{12} - \dfrac{10}{12} =$

⑦ $4\dfrac{11}{14} - \dfrac{12}{14} =$

⑧ $3\dfrac{10}{15} - \dfrac{11}{15} =$

⑨ $4\dfrac{15}{17} - \dfrac{16}{17} =$

⑩ $5\dfrac{13}{21} - \dfrac{17}{21} =$

⑪ $5\dfrac{5}{6} - \dfrac{2}{6} =$

⑫ $4\dfrac{3}{8} - \dfrac{5}{8} =$

⑬ $3\dfrac{5}{7} - \dfrac{4}{7} =$

⑭ $4\dfrac{2}{9} - \dfrac{7}{9} =$

식을 세워 보자! ______________________________

정답 : (   )

■ 다음 분수의 뺄셈을 하시오. 답은 약분하지 않아도 됩니다.

① $4\dfrac{2}{5} - \dfrac{4}{5} =$

② $3\dfrac{2}{8} - \dfrac{6}{8} =$

③ $2\dfrac{3}{7} - \dfrac{5}{7} =$

④ $3\dfrac{3}{9} - \dfrac{6}{9} =$

⑤ $4\dfrac{2}{10} - \dfrac{7}{10} =$

⑥ $3\dfrac{10}{14} - \dfrac{13}{14} =$

⑦ $3\dfrac{7}{15} - \dfrac{10}{15} =$

⑧ $4\dfrac{8}{17} - \dfrac{15}{17} =$

⑨ $3\dfrac{15}{21} - \dfrac{18}{21} =$

⑩ $2\dfrac{16}{25} - \dfrac{24}{25} =$

⑪ $5\dfrac{2}{6} - \dfrac{5}{6} =$

⑫ $4\dfrac{2}{4} - \dfrac{3}{4} =$

⑬ $3\dfrac{4}{8} - \dfrac{5}{8} =$

⑭ $2\dfrac{5}{9} - \dfrac{7}{9} =$

**재미있게 공부
하는 문장 수학
논술 문제**

15. 쌀독에 쌀이 $3\dfrac{7}{19}$ kg 있었습니다. 아침에 $\dfrac{13}{19}$ kg을 사용하였습니다. 쌀독에 남은 쌀은 몇 kg일까요?

■ 다음 분수의 뺄셈을 하시오. 답은 약분하지 않아도 됩니다.

① $3\dfrac{1}{7} - \dfrac{5}{7} =$

② $4\dfrac{3}{9} - \dfrac{5}{9} =$

③ $3\dfrac{4}{8} - \dfrac{5}{8} =$

④ $3\dfrac{2}{7} - \dfrac{4}{7} =$

⑤ $3\dfrac{2}{12} - \dfrac{10}{12} =$

⑥ $3\dfrac{7}{13} - \dfrac{10}{13} =$

⑦ $4\dfrac{11}{15} - \dfrac{13}{15} =$

⑧ $3\dfrac{7}{19} - \dfrac{13}{19} =$

⑨ $3\dfrac{7}{21} - \dfrac{17}{21} =$

⑩ $3\dfrac{14}{24} - \dfrac{21}{24} =$

⑪ $4\dfrac{3}{4} - \dfrac{2}{4} =$

⑫ $3\dfrac{2}{6} - \dfrac{4}{6} =$

⑬ $4\dfrac{3}{9} - \dfrac{7}{9} =$

⑭ $3\dfrac{3}{10} - \dfrac{7}{10} =$

식을 세워 보자! _______________________

정답 : (   )

■ 다음 분수의 뺄셈을 하시오. 답은 약분하지 않아도 됩니다.

① $3\dfrac{2}{6} - \dfrac{5}{6} =$

② $2\dfrac{3}{8} - \dfrac{6}{8} =$

③ $3\dfrac{4}{9} - \dfrac{5}{9} =$

④ $4\dfrac{4}{7} - \dfrac{3}{7} =$

⑤ $3\dfrac{7}{11} - \dfrac{10}{11} =$

⑥ $4\dfrac{11}{13} - \dfrac{12}{13} =$

⑦ $3\dfrac{7}{15} - \dfrac{13}{15} =$

⑧ $3\dfrac{9}{19} - \dfrac{17}{19} =$

⑨ $4\dfrac{10}{17} - \dfrac{16}{17} =$

⑩ $3\dfrac{11}{23} - \dfrac{21}{23} =$

⑪ $4\dfrac{5}{7} - \dfrac{6}{7} =$

⑫ $3\dfrac{4}{9} - \dfrac{6}{9} =$

⑬ $2\dfrac{5}{8} - \dfrac{7}{8} =$

⑭ $3\dfrac{7}{10} - \dfrac{9}{10} =$

재미있게 공부 하는 문장 수학 논술 문제	16. 냉장고에 $1\dfrac{5}{6}$ 리터의 우유가 남아 있었는데, 민정이가 오늘 아침 $\dfrac{5}{6}$ 리터의 우유에 시리얼을 부어 먹었습니다. 남아있는 우유는 몇 리터일까요?

■ 다음 분수의 뺄셈을 하시오. 답은 약분하지 않아도 됩니다.

❶ $3\dfrac{5}{7} - \dfrac{4}{7} =$

❷ $2\dfrac{2}{9} - \dfrac{7}{9} =$

❸ $3\dfrac{3}{7} - \dfrac{4}{7} =$

❹ $2\dfrac{5}{8} - \dfrac{6}{8} =$

❺ $3\dfrac{7}{10} - \dfrac{9}{10} =$

❻ $4\dfrac{8}{12} - \dfrac{9}{12} =$

❼ $3\dfrac{10}{17} - \dfrac{15}{17} =$

❽ $4\dfrac{4}{19} - \dfrac{13}{19} =$

❾ $3\dfrac{15}{21} - \dfrac{17}{21} =$

❿ $4\dfrac{10}{23} - \dfrac{22}{23} =$

⓫ $3\dfrac{3}{4} - \dfrac{1}{4} =$

⓬ $4\dfrac{2}{5} - \dfrac{4}{5} =$

⓭ $3\dfrac{3}{9} - \dfrac{6}{9} =$

⓮ $3\dfrac{4}{8} - \dfrac{7}{8} =$

식을 세워 보자! ________________________

정답 : (　　　　　　　　　)

다음 분수의 뺄셈을 하시오. 답은 약분하지 않아도 됩니다.

❶ $3\dfrac{2}{5} - \dfrac{4}{5} =$

❷ $4\dfrac{3}{7} - \dfrac{5}{7} =$

❸ $3\dfrac{5}{8} - \dfrac{6}{8} =$

❹ $3\dfrac{2}{9} - \dfrac{7}{9} =$

❺ $4\dfrac{4}{11} - \dfrac{8}{11} =$

❻ $3\dfrac{11}{13} - \dfrac{12}{13} =$

❼ $4\dfrac{10}{15} - \dfrac{13}{15} =$

❽ $3\dfrac{17}{18} - \dfrac{15}{18} =$

❾ $3\dfrac{15}{23} - \dfrac{21}{23} =$

❿ $4\dfrac{17}{27} - \dfrac{20}{27} =$

⓫ $4\dfrac{1}{4} - \dfrac{3}{4} =$

⓬ $3\dfrac{3}{6} - \dfrac{3}{6} =$

⓭ $4\dfrac{4}{7} - \dfrac{6}{7} =$

⓮ $3\dfrac{5}{10} - \dfrac{6}{10} =$

⑮ $4\dfrac{10}{12} - \dfrac{11}{12} =$

⑯ $3\dfrac{14}{17} - \dfrac{8}{17} =$

⑰ $5\dfrac{10}{17} - \dfrac{15}{17} =$

⑱ $3\dfrac{16}{19} - \dfrac{18}{19} =$

⑲ $4\dfrac{15}{24} - \dfrac{21}{24} =$

⑳ $3\dfrac{16}{26} - \dfrac{18}{26} =$

테스트 결과표

성취도 테스트 문제는 앞 장의 공부가 끝나고 얼마나 정확하고 빠르게 습득했는지를 알아보기 위한 확인과정의 테스트입니다.
아이가 무엇을 이해 못하는지 어느 부분에서 실수를 하는지 보완하고 잡아주기 위한 자료로 활용하시면 아이에게 큰 도움이 될 것입니다.

정답수	20문제	18문제	16문제	16문제 이하
성취도	**아주 잘함**	**잘함**	**보통**	**부족함**

※ 정답은 뒷장에 있습니다.

70단계 지·도·내·용

분모가 같은 분수의 뺄셈 (4)

지도 내용

대분수와 대분수의 뺄셈에서 앞부분의 분수만 가분수로 고쳐,
뒤에 있는 분수를 빼는 점에 주의하여 지도해 주세요.

⊙ 대분수 – 대분수(진분수 부분끼리 뺄 수 있는 경우)

$$3\frac{2}{3} - 1\frac{1}{3} = (3-1) + \left(\frac{2}{3} - \frac{1}{3}\right) = 2\frac{1}{3}$$

① 자연수 부분끼리 먼저 계산하고,

② 진분수 부분끼리 계산한 후 자연수 부분과 분수 부분을 더합니다.

⊙ 대분수 – 대분수(진분수 부분끼리 뺄 수 없는 경우)

$$4\frac{1}{5} - 2\frac{2}{5} = 3\frac{6}{5} - 2\frac{2}{5} = (3-2) + \frac{6}{5} - \frac{2}{5} = 1\frac{4}{5}$$

① 앞에 있는 분수에서 자연수부분 중 1을 가져와 가분수로 만들고,

② 자연수는 자연수끼리, 분수는 분수끼리 뺄셈을 하여 덧셈을 합니다.

69단계 성취도문제 정답		
❶ $2\frac{3}{5}$ ❷ $3\frac{5}{7}$ ❸ $2\frac{7}{8}$ ❹ $2\frac{4}{9}$ ❺ $3\frac{7}{11}$ ❻ $3\frac{12}{13}$ ❼ $3\frac{12}{15}$ ❽ $3\frac{2}{18}$ ❾ $2\frac{17}{23}$ ❿ $3\frac{24}{27}$		
⓫ $3\frac{2}{4}$ ⓬ 3 ⓭ $3\frac{5}{7}$ ⓮ $2\frac{9}{10}$ ⓯ $3\frac{11}{12}$ ⓰ $3\frac{6}{17}$ ⓱ $4\frac{12}{17}$ ⓲ $2\frac{17}{19}$ ⓳ $3\frac{18}{24}$ ⓴ $2\frac{24}{26}$		

69단계 문장 수학 논술 문제 정답

13. 식 $3\frac{1}{4} - \frac{3}{4}$ 답 $2\frac{2}{4} = 2\frac{1}{2}$

14. 식 $2\frac{3}{10} - \frac{7}{10}$ 답 $1\frac{6}{10} = 1\frac{3}{5}$

15. 식 $3\frac{7}{19} - \frac{13}{19}$ 답 $2\frac{13}{19}$

16. 식 $1\frac{5}{6} - \frac{5}{6}$ 답 1

분모가 같은 분수의 뺄셈 (4)

70단계

기 | 초 | 편

70단계 종합 성적

참 잘했어요!	잘했어요!	열심히 했어요!

틀린 개수 0~2개	틀린 개수 3~5개	틀린 개수 6개 이상

● 학습 일정 관리표 ●

	정답수	오답수	공부한 날	확 인
70-01호				
70-02호				
70-03호				
70-04호				
70-05호				
70-06호				
70-07호				
70-08호				

- 엄마와 함께 공부하면서 아이가 직접 써 나가도록 지도해 주세요.
- 틀린 개수를 확인하고 왜 틀렸는지 다시 한번 내용을 확인해 주세요.

■ 다음 분수의 뺄셈을 하시오. 답은 약분하지 않아도 됩니다.

❶ $4\dfrac{11}{12} - 1\dfrac{7}{12} =$

❷ $3\dfrac{7}{15} - 1\dfrac{12}{15} =$

❸ $4\dfrac{13}{17} - 1\dfrac{14}{17} =$

❹ $3\dfrac{12}{19} - 1\dfrac{7}{19} =$

❺ $3\dfrac{2}{10} - 2\dfrac{2}{10} =$

❻ $3\dfrac{12}{15} - 1\dfrac{7}{15} =$

❼ $4\dfrac{3}{17} - 1\dfrac{15}{17} =$

❽ $3\dfrac{5}{20} - 1\dfrac{7}{20} =$

❾ $4\dfrac{17}{24} - 1\dfrac{18}{24} =$

❿ $5\dfrac{17}{25} - 2\dfrac{21}{25} =$

⓫ $5\dfrac{12}{15} - 1\dfrac{10}{15} =$

⓬ $3\dfrac{10}{18} - 1\dfrac{11}{18} =$

⓭ $4\dfrac{17}{19} - 1\dfrac{10}{19} =$

⓮ $3\dfrac{14}{21} - 1\dfrac{20}{21} =$

재미있게 공부 하는 문장 수학 논술 문제

17. 민정이와 현경이 몸무게의 합은 $65\dfrac{2}{5}$ kg입니다. 민정이의 몸무게가 $35\dfrac{4}{5}$ kg이라면 현경이의 몸무게는 몇 kg일까요?

■ 다음 분수의 뺄셈을 하시오. 답은 약분하지 않아도 됩니다.

① $3\dfrac{7}{10} - 1\dfrac{9}{10} =$　　　② $4\dfrac{3}{12} - 1\dfrac{10}{12} =$

③ $3\dfrac{11}{14} - 1\dfrac{13}{14} =$　　　④ $4\dfrac{10}{17} - 1\dfrac{13}{17} =$

⑤ $3\dfrac{10}{12} - 2\dfrac{2}{12} =$　　　⑥ $4\dfrac{7}{15} - 1\dfrac{10}{15} =$

⑦ $3\dfrac{8}{16} - 1\dfrac{10}{16} =$　　　⑧ $4\dfrac{10}{19} - 1\dfrac{17}{19} =$

⑨ $4\dfrac{10}{21} - 2\dfrac{17}{21} =$　　　⑩ $5\dfrac{11}{23} - 2\dfrac{15}{23} =$

⑪ $4\dfrac{10}{11} - 1\dfrac{7}{11} =$　　　⑫ $3\dfrac{2}{14} - 1\dfrac{10}{14} =$

⑬ $4\dfrac{2}{19} - 1\dfrac{17}{19} =$　　　⑭ $3\dfrac{13}{20} - 1\dfrac{16}{20} =$

식을 세워 보자! ___________________________

정답 : (　　　　　　　　　　)

■ 다음 분수의 뺄셈을 하시오. 답은 약분하지 않아도 됩니다.

① $3\dfrac{7}{11} - 1\dfrac{8}{11} =$

② $4\dfrac{10}{13} - 1\dfrac{12}{13} =$

③ $3\dfrac{8}{12} - 1\dfrac{11}{12} =$

④ $3\dfrac{10}{15} - 1\dfrac{14}{15} =$

⑤ $3\dfrac{8}{10} - 1\dfrac{7}{10} =$

⑥ $4\dfrac{9}{12} - 2\dfrac{10}{12} =$

⑦ $3\dfrac{1}{14} - 1\dfrac{5}{14} =$

⑧ $5\dfrac{12}{19} - 1\dfrac{15}{19} =$

⑨ $4\dfrac{11}{21} - 1\dfrac{10}{21} =$

⑩ $3\dfrac{7}{24} - 1\dfrac{3}{24} =$

⑪ $4\dfrac{4}{10} - 1\dfrac{7}{10} =$

⑫ $5\dfrac{5}{12} - 1\dfrac{7}{12} =$

⑬ $4\dfrac{7}{14} - 1\dfrac{11}{14} =$

⑭ $4\dfrac{5}{11} - 2\dfrac{6}{11} =$

재미있게 공부 하는 문장 수학 논술 문제

18. 기름이 $5\dfrac{13}{21}$ 리터 있습니다. 난로에 사용하고 나니 $2\dfrac{8}{21}$ 리터가 남았습니다. 난로에 사용한 기름은 몇 리터일까요?

■ 다음 분수의 뺄셈을 하시오. 답은 약분하지 않아도 됩니다.

① $4\dfrac{7}{11} - 1\dfrac{10}{11} =$

② $3\dfrac{6}{12} - 1\dfrac{11}{12} =$

③ $4\dfrac{11}{15} - 1\dfrac{14}{15} =$

④ $3\dfrac{5}{17} - 1\dfrac{15}{17} =$

⑤ $2\dfrac{3}{10} - 1\dfrac{1}{10} =$

⑥ $4\dfrac{4}{14} - 1\dfrac{13}{14} =$

⑦ $5\dfrac{15}{17} - 1\dfrac{16}{17} =$

⑧ $4\dfrac{13}{18} - 2\dfrac{15}{18} =$

⑨ $3\dfrac{13}{24} - 1\dfrac{10}{24} =$

⑩ $5\dfrac{14}{27} - 2\dfrac{17}{27} =$

⑪ $5\dfrac{5}{13} - 1\dfrac{11}{13} =$

⑫ $4\dfrac{11}{14} - 1\dfrac{7}{14} =$

⑬ $3\dfrac{14}{17} - 1\dfrac{13}{17} =$

⑭ $4\dfrac{11}{12} - 1\dfrac{10}{12} =$

식을 세워 보자! ______________________________________

정답 : (   )

■ 다음 분수의 뺄셈을 하시오. 답은 약분하지 않아도 됩니다.

① $4\dfrac{2}{11} - 1\dfrac{8}{11} =$

② $3\dfrac{10}{12} - 1\dfrac{11}{12} =$

③ $5\dfrac{10}{14} - 1\dfrac{13}{14} =$

④ $3\dfrac{11}{19} - 1\dfrac{18}{19} =$

⑤ $3\dfrac{11}{13} - 1\dfrac{10}{13} =$

⑥ $4\dfrac{13}{14} - 2\dfrac{10}{14} =$

⑦ $5\dfrac{15}{17} - 1\dfrac{8}{17} =$

⑧ $6\dfrac{16}{20} - 3\dfrac{17}{20} =$

⑨ $7\dfrac{21}{24} - 2\dfrac{23}{24} =$

⑩ $5\dfrac{18}{25} - 2\dfrac{19}{25} =$

⑪ $5\dfrac{10}{12} - 1\dfrac{9}{12} =$

⑫ $3\dfrac{8}{16} - 1\dfrac{15}{16} =$

⑬ $4\dfrac{8}{18} - 1\dfrac{13}{18} =$

⑭ $2\dfrac{15}{23} - 1\dfrac{21}{23} =$

**재미있게 공부
하는 문장 수학
논술 문제**

19. 윤희네 집에서 교회까지의 거리는 $5\dfrac{2}{6}$ km입니다. 버스로 세 정거장을 타고 왔더니 교회까지 $1\dfrac{5}{6}$ km가 남았다면, 집에서부터 버스를 타고 온 거리는 몇 km일까요?

다음 분수의 뺄셈을 하시오. 답은 약분하지 않아도 됩니다.

① $5\dfrac{4}{12} - 2\dfrac{6}{12} =$

② $4\dfrac{13}{15} - 1\dfrac{14}{15} =$

③ $3\dfrac{5}{17} - 1\dfrac{10}{17} =$

④ $4\dfrac{6}{21} - 1\dfrac{20}{21} =$

⑤ $3\dfrac{17}{18} - 1\dfrac{5}{18} =$

⑥ $4\dfrac{13}{15} - 1\dfrac{11}{15} =$

⑦ $5\dfrac{11}{19} - 2\dfrac{12}{19} =$

⑧ $6\dfrac{11}{23} - 3\dfrac{17}{23} =$

⑨ $4\dfrac{18}{21} - 1\dfrac{20}{21} =$

⑩ $3\dfrac{17}{25} - 1\dfrac{19}{25} =$

⑪ $3\dfrac{10}{11} - 1\dfrac{9}{11} =$

⑫ $4\dfrac{7}{14} - 1\dfrac{11}{14} =$

⑬ $3\dfrac{5}{18} - 1\dfrac{15}{18} =$

⑭ $5\dfrac{17}{20} - 2\dfrac{5}{20} =$

식을 세워 보자! ______________________________

정답 : (   )

■ 다음 분수의 뺄셈을 하시오. 답은 약분하지 않아도 됩니다.

① $3\dfrac{8}{11} - 1\dfrac{9}{11} =$

② $4\dfrac{7}{13} - 1\dfrac{10}{13} =$

③ $5\dfrac{7}{15} - 2\dfrac{13}{15} =$

④ $3\dfrac{5}{17} - 2\dfrac{11}{17} =$

⑤ $4\dfrac{11}{13} - 1\dfrac{10}{13} =$

⑥ $3\dfrac{10}{15} - 1\dfrac{11}{15} =$

⑦ $4\dfrac{7}{17} - 2\dfrac{10}{17} =$

⑧ $5\dfrac{10}{18} - 2\dfrac{5}{18} =$

⑨ $6\dfrac{17}{21} - 3\dfrac{15}{21} =$

⑩ $7\dfrac{19}{25} - 3\dfrac{21}{25} =$

⑪ $4\dfrac{10}{13} - 1\dfrac{5}{13} =$

⑫ $3\dfrac{7}{15} - 1\dfrac{11}{15} =$

⑬ $4\dfrac{4}{16} - 1\dfrac{14}{16} =$

⑭ $4\dfrac{20}{21} - 1\dfrac{14}{21} =$

재미있게 공부
하는 문장 수학
논술 문제

20. 은미의 몸무게는 은희보다 $4\dfrac{7}{14}$ kg 더 가볍습니다.

은희의 몸무게가 $50\dfrac{5}{14}$ kg라면 은미의 몸무게는 몇 kg일까요?

■ 다음 분수의 뺄셈을 하시오. 답은 약분하지 않아도 됩니다.

① $4\dfrac{11}{12} - 1\dfrac{4}{12} =$

② $3\dfrac{7}{15} - 1\dfrac{13}{15} =$

③ $4\dfrac{5}{16} - 1\dfrac{15}{16} =$

④ $3\dfrac{10}{22} - 1\dfrac{21}{22} =$

⑤ $4\dfrac{10}{13} - 1\dfrac{15}{13} =$

⑥ $3\dfrac{12}{14} - 1\dfrac{7}{14} =$

⑦ $5\dfrac{9}{17} - 2\dfrac{15}{17} =$

⑧ $4\dfrac{19}{20} - 3\dfrac{10}{20} =$

⑨ $6\dfrac{19}{25} - 3\dfrac{21}{25} =$

⑩ $4\dfrac{15}{21} - 1\dfrac{7}{21} =$

⑪ $5\dfrac{13}{15} - 1\dfrac{11}{15} =$

⑫ $4\dfrac{10}{16} - 1\dfrac{13}{16} =$

⑬ $5\dfrac{4}{20} - 1\dfrac{16}{20} =$

⑭ $4\dfrac{1}{12} - 1\dfrac{10}{12} =$

식을 세워 보자! ____

정답 : (   )

다음 분수의 뺄셈을 하시오. 답은 약분하지 않아도 됩니다.

① $3\dfrac{7}{10} - 1\dfrac{9}{10} =$

② $4\dfrac{12}{15} - 1\dfrac{14}{15} =$

③ $5\dfrac{14}{17} - 1\dfrac{16}{17} =$

④ $3\dfrac{15}{21} - 1\dfrac{19}{21} =$

⑤ $3\dfrac{7}{12} - 1\dfrac{4}{12} =$

⑥ $4\dfrac{8}{15} - 2\dfrac{10}{15} =$

⑦ $3\dfrac{15}{17} - 1\dfrac{10}{17} =$

⑧ $5\dfrac{16}{20} - 2\dfrac{13}{20} =$

⑨ $6\dfrac{16}{25} - 3\dfrac{5}{25} =$

⑩ $5\dfrac{21}{24} - 2\dfrac{23}{24} =$

⑪ $4\dfrac{8}{10} - 1\dfrac{9}{10} =$

⑫ $3\dfrac{11}{14} - 1\dfrac{12}{14} =$

⑬ $6\dfrac{17}{18} - 1\dfrac{15}{18} =$

⑭ $4\dfrac{11}{15} - 1\dfrac{14}{15} =$

⑮ $5\dfrac{17}{19} - 3\dfrac{13}{19} =$ ⑯ $6\dfrac{17}{19} - 3\dfrac{13}{19} =$

⑰ $5\dfrac{21}{24} - 2\dfrac{15}{24} =$ ⑱ $4\dfrac{17}{21} - 1\dfrac{19}{21} =$

⑲ $3\dfrac{10}{23} - 1\dfrac{17}{23} =$ ⑳ $4\dfrac{15}{25} - 1\dfrac{17}{25} =$

테스트 결과표

성취도 테스트 문제는 앞 장의 공부가 끝나고 얼마나 정확하고 빠르게 습득했는지를 알아보기 위한 확인과정의 테스트입니다.

아이가 무엇을 이해 못하는지 어느 부분에서 실수를 하는지 보완하고 잡아주기 위한 자료로 활용하시면 아이에게 큰 도움이 될 것입니다.

정답수	20문제	18문제	16문제	16문제 이하
성취도	아주 잘함	잘함	보통	부족함

70단계 성취도문제 정답

❶ $1\dfrac{8}{10}$ ❷ $2\dfrac{13}{15}$ ❸ $3\dfrac{15}{17}$ ❹ $1\dfrac{17}{21}$ ❺ $2\dfrac{3}{12}$ ❻ $1\dfrac{13}{15}$ ❼ $2\dfrac{5}{17}$ ❽ $3\dfrac{3}{20}$ ❾ $3\dfrac{11}{25}$ ❿ $2\dfrac{22}{24}$

⓫ $2\dfrac{9}{10}$ ⓬ $1\dfrac{13}{14}$ ⓭ $5\dfrac{2}{18}$ ⓮ $2\dfrac{12}{15}$ ⓯ $2\dfrac{4}{19}$ ⓰ $3\dfrac{4}{19}$ ⓱ $3\dfrac{6}{24}$ ⓲ $2\dfrac{19}{21}$ ⓳ $1\dfrac{16}{23}$ ⓴ $2\dfrac{23}{25}$

70단계 문장 수학 논술 문제 정답

17. 식 $65\dfrac{2}{5} - 35\dfrac{4}{5}$ 답 $29\dfrac{3}{5}$

18. 식 $5\dfrac{13}{21} - 2\dfrac{8}{21}$ 답 $3\dfrac{5}{21}$

19. 식 $5\dfrac{2}{6} - 1\dfrac{5}{6}$ 답 $3\dfrac{2}{6} = 3\dfrac{1}{2}$

20. 식 $50\dfrac{5}{14} - 4\dfrac{7}{14}$ 답 $45\dfrac{12}{14} = 45\dfrac{6}{7}$

01 | 종합문제

■ 다음 분수를 덧셈하여 대분수로 고치시오. 답은 약분하지 않아도 됩니다.

❶ $1\dfrac{3}{5} + \dfrac{3}{5} =$

❷ $2\dfrac{4}{7} + \dfrac{4}{7} =$

❸ $2\dfrac{3}{4} + \dfrac{3}{4} =$

❹ $2\dfrac{2}{5} + \dfrac{4}{5} =$

❺ $2\dfrac{4}{6} + \dfrac{5}{6} =$

❻ $3\dfrac{3}{5} + \dfrac{4}{5} =$

❼ $2\dfrac{5}{8} + \dfrac{6}{8} =$

❽ $3\dfrac{5}{7} + \dfrac{6}{7} =$

❾ $2\dfrac{3}{4} + \dfrac{2}{4} =$

❿ $3\dfrac{4}{6} + \dfrac{5}{6} =$

⓫ $2\dfrac{3}{5} + \dfrac{4}{5} =$

⓬ $4\dfrac{4}{7} + \dfrac{5}{7} =$

⓭ $3\dfrac{2}{4} + \dfrac{3}{4} =$

⓮ $2\dfrac{5}{9} + \dfrac{8}{9} =$

02 | 종합문제

다음 분수를 덧셈하여 대분수로 고치시오. 답은 약분하지 않아도 됩니다.

① $2\dfrac{2}{4} + 2\dfrac{3}{4} =$

② $2\dfrac{5}{7} + 1\dfrac{6}{7} =$

③ $3\dfrac{3}{5} + 2\dfrac{4}{5} =$

④ $2\dfrac{4}{6} + 2\dfrac{3}{6} =$

⑤ $3\dfrac{4}{5} + 3\dfrac{4}{5} =$

⑥ $1\dfrac{3}{7} + 2\dfrac{5}{7} =$

⑦ $3\dfrac{3}{4} + 3\dfrac{3}{4} =$

⑧ $2\dfrac{5}{7} + 2\dfrac{6}{7} =$

⑨ $4\dfrac{3}{6} + 2\dfrac{5}{6} =$

⑩ $3\dfrac{5}{8} + 3\dfrac{6}{8} =$

⑪ $3\dfrac{3}{4} + 2\dfrac{3}{4} =$

⑫ $2\dfrac{6}{8} + 2\dfrac{6}{8} =$

⑬ $2\dfrac{4}{7} + 2\dfrac{4}{7} =$

⑭ $3\dfrac{7}{9} + 1\dfrac{8}{9} =$

03 | 종합문제

■ 다음 대분수를 가분수로 고치시오.

① $5\dfrac{2}{6} =$ ② $6\dfrac{8}{12} =$

③ $5\dfrac{6}{9} =$ ④ $6\dfrac{2}{4} =$

⑤ $3\dfrac{6}{8} =$ ⑥ $5\dfrac{4}{10} =$

⑦ $8\dfrac{1}{6} =$ ⑧ $4\dfrac{6}{12} =$

⑨ $6\dfrac{3}{9} =$ ⑩ $5\dfrac{4}{10} =$

⑪ $4\dfrac{4}{7} =$ ⑫ $5\dfrac{6}{12} =$

⑬ $7\dfrac{1}{3} =$ ⑭ $4\dfrac{3}{8} =$

04 | 종합문제

■ 다음 분수를 덧셈하여 대분수로 고치시오. 답은 약분하지 않아도 됩니다.

① $4\dfrac{3}{4} - \dfrac{1}{4} =$

② $4\dfrac{11}{12} - 1\dfrac{7}{12} =$

③ $4\dfrac{3}{6} - \dfrac{2}{6} =$

④ $3\dfrac{7}{10} - 1\dfrac{9}{10} =$

⑤ $2\dfrac{3}{7} - \dfrac{5}{7} =$

⑥ $5\dfrac{11}{23} - 2\dfrac{15}{23} =$

⑦ $4\dfrac{8}{17} - \dfrac{15}{17} =$

⑧ $3\dfrac{6}{12} - 1\dfrac{11}{12} =$

⑨ $3\dfrac{4}{8} - \dfrac{5}{8} =$

⑩ $4\dfrac{2}{11} - 1\dfrac{8}{11} =$

⑪ $2\dfrac{5}{9} - \dfrac{7}{9} =$

⑫ $3\dfrac{10}{12} - 1\dfrac{11}{12} =$

⑬ $3\dfrac{2}{6} - \dfrac{5}{6} =$

⑭ $7\dfrac{21}{24} - 2\dfrac{23}{24} =$

기초편 01

❶ $2\dfrac{1}{5}$ ❷ $3\dfrac{1}{7}$ ❸ $2\dfrac{5}{9}$ ❹ $3\dfrac{3}{8}$

❺ $2\dfrac{3}{7}$ ❻ 3 ❼ $3\dfrac{8}{12}$ ❽ $3\dfrac{5}{8}$

❾ 3 ❿ $2\dfrac{5}{11}$ ⓫ $2\dfrac{2}{6}$ ⓬ $3\dfrac{2}{8}$

⓭ $4\dfrac{3}{9}$ ⓮ $3\dfrac{1}{7}$

기초편 02

❶ $3\dfrac{2}{4}$ ❷ $3\dfrac{1}{5}$ ❸ $4\dfrac{4}{9}$ ❹ 3

❺ $2\dfrac{1}{7}$ ❻ $3\dfrac{5}{10}$ ❼ $4\dfrac{2}{12}$ ❽ $3\dfrac{1}{9}$

❾ $7\dfrac{2}{11}$ ❿ 5 ⓫ $4\dfrac{2}{8}$ ⓬ $3\dfrac{2}{5}$

⓭ $5\dfrac{4}{9}$ ⓮ $4\dfrac{3}{8}$

기초편 03

❶ $3\dfrac{3}{6}$ ❷ $4\dfrac{2}{5}$ ❸ $5\dfrac{1}{8}$ ❹ $3\dfrac{1}{9}$

❺ $4\dfrac{3}{7}$ ❻ $4\dfrac{4}{8}$ ❼ $5\dfrac{1}{4}$ ❽ $6\dfrac{3}{6}$

❾ 7 ❿ $6\dfrac{1}{9}$ ⓫ $4\dfrac{1}{5}$ ⓬ $2\dfrac{1}{7}$

⓭ 4 ⓮ $3\dfrac{2}{8}$

기초편 04

❶ $3\dfrac{3}{8}$ ❷ $4\dfrac{4}{7}$ ❸ $3\dfrac{1}{9}$ ❹ $5\dfrac{3}{8}$

❺ $4\dfrac{5}{7}$ ❻ $3\dfrac{2}{9}$ ❼ $5\dfrac{2}{5}$ ❽ $5\dfrac{1}{7}$

❾ $7\dfrac{2}{4}$ ❿ $7\dfrac{2}{5}$ ⓫ $4\dfrac{3}{5}$ ⓬ $3\dfrac{1}{6}$

⓭ $3\dfrac{1}{4}$ ⓮ $4\dfrac{2}{6}$

기초편 05

❶ $3\dfrac{1}{4}$ ❷ $4\dfrac{3}{6}$ ❸ $5\dfrac{2}{9}$ ❹ $4\dfrac{3}{6}$

❺ $3\dfrac{5}{8}$ ❻ $4\dfrac{4}{7}$ ❼ $7\dfrac{1}{4}$ ❽ $5\dfrac{2}{5}$

❾ $8\dfrac{2}{6}$ ❿ $7\dfrac{4}{7}$ ⓫ $4\dfrac{2}{5}$ ⓬ $3\dfrac{2}{7}$

⓭ $4\dfrac{3}{8}$ ⓮ $3\dfrac{2}{7}$

기초편 06

❶ $3\dfrac{2}{5}$ ❷ $5\dfrac{2}{7}$ ❸ $4\dfrac{3}{8}$ ❹ $3\dfrac{4}{6}$

❺ $4\dfrac{4}{8}$ ❻ $3\dfrac{3}{9}$ ❼ $5\dfrac{3}{5}$ ❽ $5\dfrac{2}{6}$

❾ $7\dfrac{2}{8}$ ❿ $5\dfrac{6}{9}$ ⓫ $4\dfrac{2}{4}$ ⓬ $3\dfrac{3}{8}$

⓭ $3\dfrac{2}{9}$ ⓮ $5\dfrac{2}{8}$

기초편 07

❶ $4\dfrac{1}{4}$ ❷ $3\dfrac{3}{6}$ ❸ $5\dfrac{2}{7}$ ❹ $5\dfrac{2}{4}$

❺ $4\dfrac{1}{3}$ ❻ $3\dfrac{2}{5}$ ❼ $4\dfrac{3}{8}$ ❽ $5\dfrac{4}{7}$

❾ $5\dfrac{1}{8}$ ❿ 7 ⓫ 3 ⓬ $3\dfrac{2}{5}$

⓭ $4\dfrac{1}{6}$ ⓮ $2\dfrac{2}{5}$

기초편 08

❶ $3\dfrac{1}{5}$ ❷ 5 ❸ $5\dfrac{1}{8}$ ❹ $4\dfrac{2}{7}$

❺ $4\dfrac{3}{8}$ ❻ $4\dfrac{2}{5}$ ❼ $4\dfrac{2}{9}$ ❽ $5\dfrac{2}{5}$

❾ $5\dfrac{2}{7}$ ❿ $5\dfrac{1}{9}$ ⓫ $4\dfrac{1}{5}$ ⓬ $3\dfrac{3}{8}$

⓭ $5\dfrac{1}{7}$ ⓮ $2\dfrac{3}{6}$

기초편 01

① $5\frac{1}{4}$ ② $4\frac{4}{7}$ ③ $6\frac{3}{9}$ ④ $5\frac{3}{12}$
⑤ 6 ⑥ $7\frac{9}{17}$ ⑦ 5 ⑧ $5\frac{2}{19}$
⑨ $3\frac{6}{18}$ ⑩ $5\frac{1}{21}$ ⑪ $5\frac{4}{7}$ ⑫ $5\frac{4}{10}$
⑬ $4\frac{10}{13}$ ⑭ $5\frac{1}{11}$

기초편 02

① $6\frac{2}{5}$ ② $5\frac{1}{6}$ ③ 6 ④ $5\frac{6}{12}$
⑤ $5\frac{9}{15}$ ⑥ $5\frac{11}{16}$ ⑦ $5\frac{13}{19}$ ⑧ $7\frac{11}{24}$
⑨ $7\frac{11}{26}$ ⑩ $5\frac{21}{27}$ ⑪ $5\frac{3}{5}$ ⑫ $7\frac{3}{7}$
⑬ $7\frac{7}{11}$ ⑭ $4\frac{12}{15}$

기초편 03

① $7\frac{3}{5}$ ② $4\frac{1}{7}$ ③ $5\frac{1}{9}$ ④ $5\frac{10}{13}$
⑤ $7\frac{12}{17}$ ⑥ $5\frac{13}{18}$ ⑦ $6\frac{18}{23}$ ⑧ $5\frac{20}{25}$
⑨ $5\frac{13}{27}$ ⑩ $6\frac{19}{29}$ ⑪ $6\frac{2}{6}$ ⑫ $7\frac{1}{9}$
⑬ $5\frac{7}{11}$ ⑭ $4\frac{9}{14}$

기초편 04

① $7\frac{2}{4}$ ② $5\frac{4}{7}$ ③ $5\frac{3}{8}$ ④ $5\frac{6}{11}$
⑤ $6\frac{12}{15}$ ⑥ $7\frac{12}{17}$ ⑦ $7\frac{12}{19}$ ⑧ $5\frac{15}{24}$
⑨ $5\frac{15}{25}$ ⑩ $5\frac{17}{27}$ ⑪ $7\frac{3}{8}$ ⑫ $5\frac{4}{9}$
⑬ $5\frac{7}{10}$ ⑭ $8\frac{11}{12}$

기초편 05

① $5\frac{2}{5}$ ② $5\frac{1}{7}$ ③ $6\frac{7}{10}$ ④ $5\frac{10}{14}$
⑤ $3\frac{10}{17}$ ⑥ $6\frac{9}{19}$ ⑦ $5\frac{17}{22}$ ⑧ $6\frac{21}{25}$
⑨ $7\frac{15}{27}$ ⑩ $5\frac{11}{24}$ ⑪ $6\frac{1}{8}$ ⑫ $6\frac{1}{9}$
⑬ $7\frac{10}{13}$ ⑭ $5\frac{8}{15}$

기초편 06

① $7\frac{2}{6}$ ② $7\frac{3}{8}$ ③ $5\frac{8}{11}$ ④ $3\frac{8}{14}$
⑤ $6\frac{11}{17}$ ⑥ $6\frac{16}{20}$ ⑦ $6\frac{18}{24}$ ⑧ $6\frac{13}{27}$
⑨ 6 ⑩ $7\frac{17}{28}$ ⑪ $6\frac{3}{7}$ ⑫ 6
⑬ $7\frac{10}{13}$ ⑭ $7\frac{8}{15}$

기초편 07

① $6\frac{2}{4}$ ② $5\frac{4}{8}$ ③ $7\frac{6}{12}$ ④ $7\frac{8}{15}$
⑤ $6\frac{12}{17}$ ⑥ $8\frac{13}{19}$ ⑦ $4\frac{19}{23}$ ⑧ $7\frac{13}{25}$
⑨ $6\frac{22}{27}$ ⑩ $6\frac{10}{28}$ ⑪ $8\frac{1}{5}$ ⑫ $6\frac{7}{10}$
⑬ $7\frac{8}{11}$ ⑭ $7\frac{8}{12}$

기초편 08

① $5\frac{1}{7}$ ② $5\frac{6}{9}$ ③ $6\frac{9}{13}$ ④ $5\frac{7}{15}$
⑤ $4\frac{11}{17}$ ⑥ $7\frac{8}{19}$ ⑦ $6\frac{16}{21}$ ⑧ $7\frac{20}{25}$
⑨ $5\frac{24}{27}$ ⑩ $5\frac{12}{23}$ ⑪ $5\frac{1}{6}$ ⑫ $7\frac{1}{10}$
⑬ $8\frac{12}{14}$ ⑭ $6\frac{11}{17}$

기초편 01

① $\dfrac{32}{6}$　② $\dfrac{80}{12}$　③ $\dfrac{84}{15}$　④ $\dfrac{9}{4}$

⑤ $\dfrac{17}{5}$　⑥ $\dfrac{38}{6}$　⑦ $\dfrac{12}{5}$　⑧ $\dfrac{26}{8}$

⑨ $\dfrac{40}{9}$　⑩ $\dfrac{31}{10}$　⑪ $\dfrac{35}{12}$　⑫ $\dfrac{121}{25}$

⑬ $\dfrac{41}{5}$　⑭ $\dfrac{67}{10}$

기초편 02

① $\dfrac{51}{9}$　② $\dfrac{26}{4}$　③ $\dfrac{44}{6}$　④ $\dfrac{17}{8}$

⑤ $\dfrac{14}{4}$　⑥ $\dfrac{27}{8}$　⑦ $\dfrac{54}{7}$　⑧ $\dfrac{17}{3}$

⑨ $\dfrac{13}{2}$　⑩ $\dfrac{60}{13}$　⑪ $\dfrac{39}{11}$　⑫ $\dfrac{49}{18}$

⑬ $\dfrac{45}{7}$　⑭ $\dfrac{33}{8}$

기초편 03

① $\dfrac{30}{8}$　② $\dfrac{54}{10}$　③ $\dfrac{52}{7}$　④ $\dfrac{16}{5}$

⑤ $\dfrac{18}{7}$　⑥ $\dfrac{11}{3}$　⑦ $\dfrac{33}{7}$　⑧ $\dfrac{9}{2}$

⑨ $\dfrac{16}{6}$　⑩ $\dfrac{49}{15}$　⑪ $\dfrac{83}{17}$　⑫ $\dfrac{90}{24}$

⑬ $\dfrac{28}{5}$　⑭ $\dfrac{60}{18}$

기초편 04

① $\dfrac{49}{6}$　② $\dfrac{54}{12}$　③ $\dfrac{32}{5}$　④ $\dfrac{30}{7}$

⑤ $\dfrac{37}{8}$　⑥ $\dfrac{22}{6}$　⑦ $\dfrac{23}{9}$　⑧ $\dfrac{32}{7}$

⑨ $\dfrac{10}{3}$　⑩ $\dfrac{37}{15}$　⑪ $\dfrac{67}{18}$　⑫ $\dfrac{107}{24}$

⑬ $\dfrac{84}{11}$　⑭ $\dfrac{72}{15}$

기초편 05

① $\dfrac{57}{9}$　② $\dfrac{54}{10}$　③ $\dfrac{30}{8}$　④ $\dfrac{17}{5}$

⑤ $\dfrac{33}{7}$　⑥ $\dfrac{22}{6}$　⑦ $\dfrac{20}{9}$　⑧ $\dfrac{19}{8}$

⑨ $\dfrac{27}{7}$　⑩ $\dfrac{52}{11}$　⑪ $\dfrac{49}{14}$　⑫ $\dfrac{48}{17}$

⑬ $\dfrac{193}{26}$　⑭ $\dfrac{56}{11}$

기초편 06

① $\dfrac{32}{7}$　② $\dfrac{66}{12}$　③ $\dfrac{52}{7}$　④ $\dfrac{13}{4}$

⑤ $\dfrac{27}{6}$　⑥ $\dfrac{26}{8}$　⑦ $\dfrac{33}{7}$　⑧ $\dfrac{13}{6}$

⑨ $\dfrac{19}{5}$　⑩ $\dfrac{41}{15}$　⑪ $\dfrac{64}{17}$　⑫ $\dfrac{98}{22}$

⑬ $\dfrac{97}{19}$　⑭ $\dfrac{62}{13}$

기초편 07

① $\dfrac{22}{3}$　② $\dfrac{35}{8}$　③ $\dfrac{26}{4}$　④ $\dfrac{23}{5}$

⑤ $\dfrac{25}{7}$　⑥ $\dfrac{23}{9}$　⑦ $\dfrac{26}{8}$　⑧ $\dfrac{43}{9}$

⑨ $\dfrac{11}{3}$　⑩ $\dfrac{56}{12}$　⑪ $\dfrac{56}{15}$　⑫ $\dfrac{121}{25}$

⑬ $\dfrac{50}{14}$　⑭ $\dfrac{113}{15}$

기초편 08

① $\dfrac{15}{7}$　② $\dfrac{81}{10}$　③ $\dfrac{92}{12}$　④ $\dfrac{11}{2}$

⑤ $\dfrac{25}{7}$　⑥ $\dfrac{14}{6}$　⑦ $\dfrac{27}{8}$　⑧ $\dfrac{12}{5}$

⑨ $\dfrac{14}{3}$　⑩ $\dfrac{35}{13}$　⑪ $\dfrac{60}{16}$　⑫ $\dfrac{114}{25}$

⑬ $\dfrac{114}{14}$　⑭ $\dfrac{142}{21}$

기초편 01

① $4\frac{2}{4}$ ② 3 ③ $3\frac{5}{7}$ ④ $3\frac{2}{8}$
⑤ $2\frac{4}{9}$ ⑥ $3\frac{4}{6}$ ⑦ $2\frac{3}{7}$ ⑧ $4\frac{4}{10}$
⑨ $2\frac{7}{11}$ ⑩ $4\frac{4}{15}$ ⑪ $4\frac{2}{5}$ ⑫ $3\frac{2}{7}$
⑬ $2\frac{3}{9}$ ⑭ $3\frac{3}{7}$

기초편 02

① $4\frac{1}{6}$ ② $1\frac{4}{7}$ ③ $3\frac{4}{8}$ ④ $2\frac{5}{9}$
⑤ $5\frac{1}{7}$ ⑥ $3\frac{9}{10}$ ⑦ $2\frac{6}{11}$ ⑧ $3\frac{12}{13}$
⑨ $4\frac{1}{15}$ ⑩ $2\frac{18}{21}$ ⑪ $2\frac{6}{8}$ ⑫ $3\frac{4}{5}$
⑬ $3\frac{4}{7}$ ⑭ 4

기초편 03

① $3\frac{3}{4}$ ② $3\frac{1}{5}$ ③ $1\frac{5}{7}$ ④ $2\frac{7}{8}$
⑤ $3\frac{9}{10}$ ⑥ $2\frac{14}{17}$ ⑦ $4\frac{1}{13}$ ⑧ $2\frac{19}{21}$
⑨ $3\frac{14}{24}$ ⑩ $2\frac{16}{23}$ ⑪ $4\frac{4}{5}$ ⑫ $3\frac{1}{7}$
⑬ $3\frac{6}{9}$ ⑭ $2\frac{1}{8}$

기초편 04

① $4\frac{1}{3}$ ② $2\frac{4}{7}$ ③ $3\frac{5}{6}$ ④ $2\frac{5}{9}$
⑤ $2\frac{7}{8}$ ⑥ $2\frac{9}{12}$ ⑦ $3\frac{13}{14}$ ⑧ $2\frac{14}{15}$
⑨ $3\frac{16}{17}$ ⑩ $4\frac{17}{21}$ ⑪ $5\frac{3}{6}$ ⑫ $3\frac{6}{8}$
⑬ $3\frac{1}{7}$ ⑭ $3\frac{4}{9}$

기초편 05

① $3\frac{3}{5}$ ② $2\frac{4}{8}$ ③ $1\frac{5}{7}$ ④ $2\frac{6}{9}$
⑤ $3\frac{5}{10}$ ⑥ $2\frac{11}{14}$ ⑦ $2\frac{12}{15}$ ⑧ $3\frac{10}{17}$
⑨ $2\frac{18}{21}$ ⑩ $1\frac{17}{25}$ ⑪ $4\frac{3}{6}$ ⑫ $3\frac{3}{4}$
⑬ $2\frac{7}{8}$ ⑭ $1\frac{7}{9}$

기초편 06

① $2\frac{3}{7}$ ② $3\frac{7}{9}$ ③ $2\frac{7}{8}$ ④ $2\frac{5}{7}$
⑤ $2\frac{4}{12}$ ⑥ $2\frac{10}{13}$ ⑦ $3\frac{13}{15}$ ⑧ $2\frac{13}{19}$
⑨ $2\frac{11}{21}$ ⑩ $2\frac{17}{24}$ ⑪ $4\frac{1}{4}$ ⑫ $2\frac{4}{6}$
⑬ $3\frac{5}{9}$ ⑭ $2\frac{6}{10}$

기초편 07

① $2\frac{3}{6}$ ② $1\frac{5}{8}$ ③ $2\frac{8}{9}$ ④ $4\frac{1}{7}$
⑤ $2\frac{8}{11}$ ⑥ $3\frac{12}{13}$ ⑦ $2\frac{9}{15}$ ⑧ $2\frac{11}{19}$
⑨ $3\frac{11}{17}$ ⑩ $2\frac{13}{23}$ ⑪ $3\frac{6}{7}$ ⑫ $2\frac{7}{9}$
⑬ $1\frac{6}{8}$ ⑭ $2\frac{8}{10}$

기초편 08

① $3\frac{1}{7}$ ② $1\frac{4}{9}$ ③ $2\frac{6}{7}$ ④ $1\frac{7}{8}$
⑤ $2\frac{8}{10}$ ⑥ $3\frac{11}{12}$ ⑦ $2\frac{12}{17}$ ⑧ $3\frac{10}{19}$
⑨ $2\frac{19}{21}$ ⑩ $3\frac{11}{23}$ ⑪ $3\frac{2}{4}$ ⑫ $3\frac{3}{5}$
⑬ $2\frac{6}{9}$ ⑭ $2\frac{5}{8}$

기초편 01

① $3\frac{4}{12}$ ② $1\frac{10}{15}$ ③ $2\frac{16}{17}$ ④ $2\frac{5}{19}$
⑤ 1 ⑥ $2\frac{5}{15}$ ⑦ $2\frac{5}{17}$ ⑧ $1\frac{18}{20}$
⑨ $2\frac{23}{24}$ ⑩ $2\frac{21}{25}$ ⑪ $4\frac{2}{15}$ ⑫ $1\frac{17}{18}$
⑬ $3\frac{7}{19}$ ⑭ $1\frac{15}{21}$

기초편 02

① $1\frac{8}{10}$ ② $2\frac{5}{12}$ ③ $1\frac{12}{14}$ ④ $2\frac{14}{17}$
⑤ $1\frac{8}{12}$ ⑥ $2\frac{12}{15}$ ⑦ $1\frac{14}{16}$ ⑧ $2\frac{12}{19}$
⑨ $1\frac{14}{21}$ ⑩ $2\frac{19}{23}$ ⑪ $3\frac{3}{11}$ ⑫ $1\frac{6}{14}$
⑬ $2\frac{4}{19}$ ⑭ $1\frac{17}{20}$

기초편 03

① $1\frac{10}{11}$ ② $2\frac{11}{13}$ ③ $1\frac{9}{12}$ ④ $1\frac{11}{15}$
⑤ $2\frac{1}{10}$ ⑥ $1\frac{11}{12}$ ⑦ $1\frac{10}{14}$ ⑧ $3\frac{16}{19}$
⑨ $3\frac{1}{21}$ ⑩ $2\frac{4}{24}$ ⑪ $2\frac{7}{10}$ ⑫ $3\frac{10}{12}$
⑬ $2\frac{10}{14}$ ⑭ $1\frac{10}{11}$

기초편 04

① $2\frac{8}{11}$ ② $1\frac{7}{12}$ ③ $2\frac{12}{15}$ ④ $1\frac{7}{17}$
⑤ $1\frac{2}{10}$ ⑥ $2\frac{5}{14}$ ⑦ $3\frac{16}{17}$ ⑧ $1\frac{16}{18}$
⑨ $2\frac{3}{24}$ ⑩ $2\frac{24}{27}$ ⑪ $3\frac{7}{13}$ ⑫ $3\frac{4}{14}$
⑬ $2\frac{1}{17}$ ⑭ $3\frac{1}{12}$

기초편 05

① $2\frac{5}{11}$ ② $1\frac{11}{12}$ ③ $3\frac{11}{14}$ ④ $1\frac{12}{19}$
⑤ $2\frac{1}{13}$ ⑥ $2\frac{3}{14}$ ⑦ $4\frac{7}{17}$ ⑧ $2\frac{19}{20}$
⑨ $4\frac{22}{24}$ ⑩ $2\frac{24}{25}$ ⑪ $4\frac{1}{12}$ ⑫ $1\frac{9}{16}$
⑬ $2\frac{13}{18}$ ⑭ $\frac{17}{23}$

기초편 06

① $2\frac{10}{12}$ ② $2\frac{14}{15}$ ③ $1\frac{12}{17}$ ④ $2\frac{7}{21}$
⑤ $2\frac{12}{18}$ ⑥ $3\frac{2}{15}$ ⑦ $2\frac{18}{19}$ ⑧ $2\frac{17}{23}$
⑨ $2\frac{19}{21}$ ⑩ $1\frac{23}{25}$ ⑪ $2\frac{1}{11}$ ⑫ $2\frac{10}{14}$
⑬ $1\frac{8}{18}$ ⑭ $3\frac{12}{20}$

기초편 07

① $1\frac{10}{11}$ ② $2\frac{10}{13}$ ③ $2\frac{9}{15}$ ④ $\frac{11}{17}$
⑤ $3\frac{1}{13}$ ⑥ $1\frac{14}{15}$ ⑦ $1\frac{14}{17}$ ⑧ $3\frac{5}{18}$
⑨ $3\frac{2}{21}$ ⑩ $3\frac{23}{25}$ ⑪ $3\frac{5}{13}$ ⑫ $1\frac{11}{15}$
⑬ $2\frac{6}{16}$ ⑭ $3\frac{6}{21}$

기초편 08

① $3\frac{7}{12}$ ② $1\frac{9}{15}$ ③ $2\frac{6}{16}$ ④ $1\frac{11}{22}$
⑤ $2\frac{8}{13}$ ⑥ $2\frac{5}{14}$ ⑦ $2\frac{11}{17}$ ⑧ $1\frac{9}{20}$
⑨ $2\frac{23}{25}$ ⑩ $3\frac{8}{21}$ ⑪ $4\frac{2}{15}$ ⑫ $2\frac{13}{16}$
⑬ $3\frac{8}{20}$ ⑭ $2\frac{3}{12}$

종합문제 정답

기초편 01

❶ $2\frac{1}{5}$　　❷ $3\frac{1}{7}$　　❸ $3\frac{2}{4}$

❹ $3\frac{1}{5}$　　❺ $3\frac{3}{6}$　　❻ $4\frac{2}{5}$

❼ $3\frac{3}{8}$　　❽ $4\frac{4}{7}$　　❾ $3\frac{1}{4}$

❿ $4\frac{3}{6}$　　⓫ $3\frac{2}{5}$　　⓬ $5\frac{2}{7}$

⓭ $4\frac{1}{4}$　　⓮ $3\frac{4}{9}$

기초편 02

❶ $5\frac{1}{4}$　　❷ $4\frac{4}{7}$　　❸ $6\frac{2}{5}$

❹ $5\frac{1}{6}$　　❺ $7\frac{3}{5}$　　❻ $4\frac{1}{7}$

❼ $7\frac{2}{4}$　　❽ $5\frac{4}{7}$　　❾ $7\frac{2}{6}$

❿ $7\frac{3}{8}$　　⓫ $6\frac{2}{4}$　　⓬ $5\frac{4}{8}$

⓭ $5\frac{1}{7}$　　⓮ $5\frac{6}{9}$

기초편 03

❶ $\frac{32}{6}$　　❷ $\frac{80}{12}$　　❸ $\frac{51}{9}$

❹ $\frac{26}{4}$　　❺ $\frac{30}{8}$　　❻ $\frac{54}{10}$

❼ $\frac{49}{6}$　　❽ $\frac{54}{12}$　　❾ $\frac{57}{9}$

❿ $\frac{54}{10}$　　⓫ $\frac{32}{7}$　　⓬ $\frac{66}{12}$

⓭ $\frac{22}{3}$　　⓮ $\frac{35}{8}$

기초편 04

❶ $4\frac{2}{4}$　　❷ $3\frac{4}{12}$　　❸ $4\frac{1}{6}$

❹ $1\frac{8}{10}$　　❺ $1\frac{5}{7}$　　❻ $2\frac{19}{23}$

❼ $3\frac{10}{17}$　　❽ $1\frac{7}{12}$　　❾ $2\frac{7}{8}$

❿ $2\frac{5}{11}$　　⓫ $1\frac{7}{9}$　　⓬ $1\frac{11}{12}$

⓭ $2\frac{3}{6}$　　⓮ $4\frac{22}{24}$